# 应用数学

主　编　尹志平
**副主编**　刘开文　周　雯　郑善桥

西南交通大学出版社
·成都·

图书在版编目（CIP）数据

应用数学 / 尹志平主编. —成都：西南交通大学
出版社，2014.8
ISBN 978-7-5643-3302-7

Ⅰ. ①应… Ⅱ. ①尹… Ⅲ. ①应用数学 – 中等专业学
校 – 教材 Ⅳ. ①O29

中国版本图书馆 CIP 数据核字（2014）第 199600 号

## 应用数学

主编　尹志平

| | |
|---|---|
| 责 任 编 辑 | 张宝华 |
| 封 面 设 计 | 墨创文化 |
| 出 版 发 行 | 西南交通大学出版社<br>（四川省成都市金牛区交大路 146 号） |
| 发行部电话 | 028-87600564　028-87600533 |
| 邮 政 编 码 | 610031 |
| 网　　　址 | http：//www.xnjdcbs.com |
| 印　　　刷 | 成都中铁二局永经堂印务有限责任公司 |
| 成 品 尺 寸 | 185 mm × 260 mm |
| 印　　　张 | 9.75 |
| 字　　　数 | 231 千字 |
| 版　　　次 | 2014 年 8 月第 1 版 |
| 印　　　次 | 2014 年 8 月第 1 次 |
| 书　　　号 | ISBN 978-7-5643-3302-7 |
| 定　　　价 | 22.00 元 |

# 前　言

　　为了适应职业教育教学改革的需要，全面贯彻"以服务为宗旨，以就业为导向"的办学方针，我们遵循"以学生发展为本，注重对学生能力培养"的基本原则，结合职业学校学生实际，参照国家及湖北省劳动人事厅颁布的职业技能鉴定标准，根据就业岗位对职业能力的要求，编写了这本教材.

　　本教材以"注重基础、突出重点、强化能力、联系实际"为出发点，在"够用、实用、适用"的原则下，兼顾数学体系的完整性，突出数学在各专业应用方面的实用性，努力提高学生运用数学知识解决专业问题的能力，达到学以致用的目的.

　　全书共分5章，每个章节均以提出问题、解决问题、专业应用为线索，从基础理论入手，突出指导训练，将数学抽象概念融入专业应用之中，重在理论联系实际.

　　本教材适用于初中生源班级，主要用于测量工、试验工、机电工、铆工、焊工、钳工等专业的培训.

　　本书由尹志平担任主编，参加编写工作的还有刘开文、周雯、郑善桥等.本教材在编写过程中，得到了各级领导的大力支持及各专业教研室的通力合作，在此向给予我们帮助的各位领导和同仁表示深深的感谢！

　　由于编者水平有限，编写时间仓促，书中难免存在一些不足之处，敬请大家提出宝贵意见和建议，我们将不断使之完善.

编　者

2014 年 2 月

# 目　录

# 1　实　数

数和其他数学知识一样，是从人类的生产和生活实践中产生的．当整数不能满足人类的生产和生活需要时，为了适应客观实际，新的数就产生了，如分数、小数、无理数等．

## 1.1　分数　小数　比和比例

把一个苹果平均分给两个同学，每人分得苹果的个数如何表示？用米尺测量黑板的长度，量了 2 次后还剩下 33 厘米，若以米为单位，又怎样表示黑板的长度？这些结果都不能用整数来表示，这样就产生了分数、小数．有了分数、小数，这些结果也就能准确地表示出来．

### 1.1.1　分　数

#### 1.1.1.1　分数的概念及其基本性质

把单位"1"平均分成 $n$ 份，表示这样的一份或几份的数叫做**分数**，记作 $\dfrac{m}{n}$．当 $m < n$ 时，$\dfrac{m}{n}$ 是**真分数**，如 $\dfrac{2}{3}, \dfrac{1}{2}, \dfrac{7}{10}$ 都是真分数，真分数小于 1；当 $m \geqslant n$ 时，$\dfrac{m}{n}$ 是**假分数**，如 $1, \dfrac{5}{3}, \dfrac{7}{6}$ 都是假分数，假分数大于或等于 1．整数（0 除外）与真分数相加所成的分数叫做**带分数**，如 $1\dfrac{2}{3}, 5\dfrac{1}{7}$ 都是带分数，带分数是假分数的另外一种形式．

本节引例中，一个苹果平均分给两个同学，每人分得苹果的个数为 $\dfrac{1}{2}$ 个；用米尺测量黑板的长度，量了 2 次后还剩下 33 厘米, 黑板的长度为 $2\frac{33}{100}$ 米.

**分数的基本性质**: 一个分数的分子和分母同时乘以或除以一个相同的数 (0 除外), 分数的大小不变.

由分数的基本性质可知: 分数 $\frac{1}{2}$, $\frac{2}{4}$, $\frac{3}{6}$, $\frac{4}{8}$ 的大小是相同的, 其中 $\frac{1}{2}$ 为这组分数的最简分数. 所谓**最简分数**是指分子、分母只能同时被 1 整除的分数.

任何一个分数都可以化为最简分数. 比如, 将分数 $\frac{5}{10}$ 的分子、分母同时除以 5, 得到分数 $\frac{1}{2}$. 根据分数的基本性质, $\frac{5}{10} = \frac{1}{2}$ $(\frac{5}{10} = \frac{5 \div 5}{10 \div 5} = \frac{1}{2})$, 这个过程叫做**约分**. 每一个分数的分子、分母同除以分子、分母的**最大公约数**就可以化成最简分数.

**通分**是指将分母不同的分数化成分母相同的分数. 比如, 将 $\frac{1}{3}$ 和 $\frac{1}{2}$ 化为分母相同的两个分数: $\frac{2}{6}$ 和 $\frac{3}{6}$ 或 $\frac{4}{12}$ 和 $\frac{6}{12}$, 其中 6 是分母 3 和 2 的**最小公倍数**.

**分数大小的比较**: 分母相同的分数, 分子大的分数就大, 分子小的分数就小; 分子相同的分数, 分母大的分数反而小, 分母小的分数反而大; 分子、分母均不同的分数, 通分后再进行比较.

**练习**

1. 分别将下列各组分数化为分母相同的分数.

(1) $\frac{3}{4}$, $\frac{2}{3}$;　　　　　(2) $\frac{1}{4}$, $\frac{1}{6}$;

(3) $\frac{2}{26}$, $\frac{5}{13}$;　　　　　(4) $\frac{1}{2}$, $\frac{1}{3}$, $\frac{2}{5}$.

2. 比较下列各组分数的大小.

(1) $\frac{1}{5}$, $\frac{4}{5}$;　　(2) $\frac{5}{12}$, $\frac{5}{13}$;　　(3) $\frac{1}{6}$, $\frac{2}{7}$.

### 1.1.1.2 分数的四则运算

**分数的加减法法则:**

(1) 分母相同的分数相加 (减), 分母不变, 分子相加 (减);

(2) 分母不同的分数相加 (减), 通分使得每个分数的分母相同，再相加（减）；

（3）带分数相加（减），把整数部分与分数部分分别相加（减），或把带分数化为假分数再相加（减）．

**分数的乘法法则**：分子相乘的积作分子，分母相乘的积作分母，带分数相乘时把带分数化成假分数再相乘．

分数相乘时，可以先约分，后计算，这样能使计算简化．

乘积等于 1 的两个数互为**倒数**，如 $\frac{3}{5}$ 与 $\frac{5}{3}$，$\frac{9}{4}$ 与 $\frac{4}{9}$，2 与 $\frac{1}{2}$ 均互为倒数．倒数也可以看作是把分子、分母交换位置的两个数．

**分数的除法法则**：除以一个数等于乘上这个数的倒数．

整数四则运算的所有规律对分数的四则运算都适用．

**分数的四则运算规律**：

**加法的结合律**：$(a+b)+c=a+(b+c)$．

**加法的交换律**：$a+b=b+a$．

**乘法的结合律**：$(a \times b) \times c = a \times (b \times c)$．

**乘法的交换律**：$a \times b = b \times a$．

**乘法的分配律**：$a \times (b+c) = a \times b + a \times c$．

同一算式里的同级运算从左到右依次计算．如果算式中含有两级运算，就先算第二级运算（乘除），再算第一级运算（加减），有括号的先算括号里面的，再算括号外面的．最后的运算结果都化为最简分数．

**练习**　求出下列各式的值．

1.（1）$\dfrac{5}{16}-\dfrac{3}{16}+\dfrac{7}{16}$；　　　　（2）$\dfrac{3}{4}-\dfrac{5}{12}+\dfrac{2}{15}$；

　（3）$1\dfrac{2}{3}+\dfrac{2}{3}+5\dfrac{1}{3}-2\dfrac{2}{3}$；　　（4）$\dfrac{10}{11}-\dfrac{5}{13}+\dfrac{1}{11}$．

2.（1）$\dfrac{3}{4} \times \dfrac{5}{21} \div \dfrac{15}{8}$；　　　　（2）$\dfrac{7}{10} \div 1\dfrac{1}{13} \times \dfrac{5}{26}$．

3.（1）$\dfrac{5}{21}-\dfrac{1}{3} \times \dfrac{2}{7}$；　　　　（2）$2\dfrac{1}{3} \times \dfrac{9}{14}+\dfrac{3}{10} \times \dfrac{5}{6}$；

　（3）$\left(2-\dfrac{1}{2}\right) \div \dfrac{1}{8}$；　　　　（4）$\dfrac{5}{9} \div \dfrac{5}{6}-\left(\dfrac{1}{8}-\dfrac{1}{9}\right)$．

4.（1）$\left(\dfrac{5}{8}-\dfrac{1}{6}\right) \times 24$；

　（2）$\dfrac{74}{123} \times \dfrac{4}{5}+\dfrac{49}{123} \times \dfrac{4}{5}$；

(3) $\dfrac{5}{23}\times 19+\dfrac{5}{23}\times 41-\dfrac{5}{23}\times 14$;

(4) $\dfrac{2013}{2012}\times 2013$.

## 1.1.2　小　数

### 1.1.2.1　小数的概念及其基本性质

表示十分之几、百分之几、千分之几……的数叫做小数，如 0.1, 0.07, 2.23, 30.79 等都是小数. 小数分为整数部分和小数部分，整数部分是零的小数叫做**纯小数**，纯小数比 1 小；整数部分不为零的小数叫做**带小数**，带小数比 1 大. 小数是分数的另一种记法.

本节引例中，一个苹果平均分给两个同学，每人分得苹果的个数为 0.5 个；用米尺测量黑板的长度，量了 2 次后还剩下 33 厘米，黑板的长度为 2.33 米.

**小数末尾添零或去零，小数的大小不变，这就是小数的基本性质.**

**比较小数的大小**，是从小数的高位开始，一位一位比：先看它们的整数部分，整数部分大的那个数就大；整数部分相同的，十分位上的数大的那个数就大；十分位上的数也相同的，百分位上的数大的那个数就大，……，继续下去一直到比较出这两个小数的大小为止.

### 1.1.2.2　小数的四则运算

**小数的加减法法则**：把小数点对齐，按整数加、减法的方法进行计算，如果得数的小数部分末尾有零，一般要按小数的基本性质化简.

**小数的乘法法则**：先按照整数乘法的法则算出积，再看因数中一共有几位小数，就从积的末位起数出几位，点上小数点.

**小数的除法法则**：(1)当除数是整数时，先按照整数除法的法则去除，其中商的小数点要和被除数的小数点对齐，除到被除数的末尾仍有余数时，就在余数的后面添零，再继续除. (2)当除数是小数的时候，先把除数的小数点向右移使它变成整数，同时被除数的小数点向右移相同的位数（位数不够时补零），再按照除数是整数的除法进行计算.

整数、分数的运算规律同样适合小数.

**练习**

1. 比较下列各组数的大小.

(1) 3.2, 2.3；　　(2) 0.51, 0.5099 ；　　(3) 2.5, 2.50.

2. 计算下列各式的值.

(1) 6.07 + 4.89；

(2) 50 − 0.41；

(3) 2.45 × 3.8；

(4) 104.4 ÷ 7.25；

(5) 5 − 0.9 × 0.2 + 1.8 ÷ 0.5；

(6) 6.4 × 3.28 + 4.6 × 3.28 − 3.28；

(7) 1921 × 0.911 − 921 × 0.911 + 1921 × 0.089

　　　 − 921 × 0.089.

用计算器可进行小数、带分数、假分数的转化. 如计算 $3\frac{1}{4} + \frac{4}{3}$，可依次按键：$\boxed{3}$ $\boxed{ab/c}$ $\boxed{1}$ $\boxed{ab/c}$ $\boxed{4}$ $\boxed{+}$ $\boxed{4}$ $\boxed{ab/c}$ $\boxed{3}$ $\boxed{=}$，结果显示为：4⌐7⌐12（即带分数运算结果 $4\frac{7}{12}$）；按 $\boxed{ab/c}$ 就化为小数 4.583333333；按 $\boxed{SHIFT}$ $\boxed{ab/c}$ 就化为假分数 55⌐12（即 $\frac{55}{12}$ ).

# 1.1.3　比和比例

## 1.1.3.1　比

比的概念：两个数相除又称为两个数的**比**，用字母表示为

$$a : b = a \div b,$$

其中 $a$ 是比的**前项**，$b$ 是比的**后项**，相除所得的商称为**比值**.

后项是 100 的比称为**百分比**. 在实际应用中，常将百分比的比值表示成**百分数**.

**比的基本性质**：比的前项和后项同时乘以或除以相同的数（0 除外），比值不变.

**练习**　求下列比值.

(1) 12 : 16；　　(2) 4.5 : 2.7；　　(3) 20.3 : 7.

## 1.1.3.2　比　例

比例的概念：两个比相等时，称为**比例**，用字母表示为

$$a : b = c : d,$$

其中 $a, d$ 称为比例的**外项**，$b, c$ 称为比例的**内项**.

比例 $(a : b = c : d)$ 的**性质**：

（1）两内项积等于两外项积 $(ad = bc)$.

（2）两内项（或两外项）可互换位置. $(a : c = b : d$ 或 $d : b = c : a)$.

（3）合比定理：$\dfrac{a+b}{b} = \dfrac{c+d}{d}$.

（4）分比定理：$\dfrac{a-b}{b} = \dfrac{c-d}{d}$.

（5）合分比定理：$\dfrac{a+b}{a-b} = \dfrac{c+d}{c-d}$.

若

$$y = kx \,(\,k \text{ 为非零常数}\,),$$

则称 $y$ 与 $x$ 成**正比**，$k$ 为比例系数；

若

$$y = \frac{k}{x} \quad \text{或} \quad xy = k \,(\,k \text{ 为非零常数}\,),$$

则称 $y$ 与 $x$ 成**反比**，$k$ 为比例系数.

**例** 解下列比例.

(1) $9 : x = 4.5 : 0.8$；   (2) $x : 6.5 = 4 : 3.25$；

(3) $\dfrac{4}{9} : \dfrac{1}{6} = x : 15$；   (4) $\dfrac{x}{25} = \dfrac{1.2}{75}$.

**解** 根据比例的基本性质得：

(1) 因为 $4.5 x = 9 \times 0.8$，所以

$$x = 7.2 \div 4.5 = 1.6.$$

(2) 因为 $3.25 x = 4 \times 6.5$，所以

$$x = 26 \div 3.25 = 8.$$

(3) 因为 $\dfrac{1}{6} x = \dfrac{4}{9} \times 15$，所以

$$x = \frac{20}{3} \div \frac{1}{6} = \frac{20}{3} \times 6 = 40.$$

(4) $x = \dfrac{25 \times 1.2}{75} = 0.4.$

**练习** 解下列比例.

(1) $27 : x = 15 : \dfrac{5}{9}$；   (2) $\dfrac{2}{3} : \dfrac{1}{6} = x : 12$；

(3) $\dfrac{3}{10} : \dfrac{1}{5} = \dfrac{1}{4} : x$；   (4) $\dfrac{x}{14} = 13 : 7$.

### 1.1.3.3 分数、比、商的关系

分数 $\dfrac{m}{n}$ 与比 $m:n$ 的值是相等的, 都等于 $m$ 除以 $n$ 的商,

即

$$\frac{m}{n} = m : n = m \div n.$$

# 习题 1.1

1. 将下列各分数化为最简分数.

(1) $\dfrac{25}{15}$;　　(2) $\dfrac{16}{24}$;　　(3) $\dfrac{39}{51}$;　　(4) $\dfrac{33}{55}$.

2. 比较下列各组数的大小.

(1) $\dfrac{12}{23}, \dfrac{10}{23}$;　　　　　　(2) $\dfrac{21}{100}, \dfrac{21}{1000}$;

(3) $\dfrac{5}{14}, \dfrac{6}{21}$;　　　　　　(4) $\dfrac{2}{3}, \dfrac{3}{4}, \dfrac{5}{6}$;

(5) $1\dfrac{1}{2}, 1\dfrac{2}{3}, 1\dfrac{3}{4}$;　　　　(6) $\dfrac{3}{14}, \dfrac{5}{21}, \dfrac{8}{35}$;

(7) $\dfrac{6}{35}, \dfrac{16}{105}, \dfrac{4}{21}$;　　　(8) $1.3, 3.1$;

(9) $4.629, 4.630$;　　　(10) $0.4890, 0.489$;

(11) $0.3, \dfrac{1}{3}$;　　　　　　(12) $\dfrac{2}{5}, 0.5$.

3. 求下列各式的值.

(1) $\dfrac{2}{15} + \dfrac{6}{15} - \dfrac{7}{15} + \dfrac{1}{15}$;　(2) $1\dfrac{2}{5} + 3\dfrac{1}{5} - 2\dfrac{4}{5}$;

(3) $\dfrac{4}{3} - \dfrac{3}{4} + \dfrac{2}{5}$;　　　　(4) $2\dfrac{2}{9} + 3\dfrac{5}{6} - 1\dfrac{7}{12}$;

(5) $5\dfrac{1}{4} \times 8 \div \dfrac{7}{2}$;　　　　(6) $\dfrac{4}{15} \div \dfrac{14}{9} \times \dfrac{35}{9}$;

(7) $1\dfrac{3}{4} \div 6 \div 2\dfrac{1}{3}$;　　　　(8) $2\dfrac{1}{5} \div 1\dfrac{7}{15} \times \dfrac{7}{6}$.

4. 求出下列各式的值.

(1) $(2 - \dfrac{1}{3}) \div \dfrac{1}{8}$;　　　(2) $10 + 2 \times \dfrac{7}{8} \div 1\dfrac{5}{9}$;

(3) $\dfrac{8}{21} + \dfrac{2}{3} \times \dfrac{5}{7}$;　　　(4) $2\dfrac{2}{9} \div (\dfrac{2}{5} - \dfrac{1}{3})$;

(5) $\dfrac{1}{3} \times \dfrac{3}{5} + \dfrac{3}{8} \div \dfrac{9}{4}$;　　(6) $\dfrac{5}{9} - (\dfrac{2}{3} - \dfrac{7}{12}) \div \dfrac{5}{9}$;

(7) $\frac{5}{6} \div (\frac{2}{3} - \frac{1}{4}) - (2 - \frac{1}{3}) \times \frac{4}{5}$;

(8) $(\frac{1}{2} + \frac{1}{3}) - \frac{3}{4} \div (\frac{9}{14} \times 3\frac{1}{2})$.

5. 求出下列各式的值.

(1) $187\frac{7}{8} \times 56 - 56 \times 87\frac{7}{8}$;　(2) $(99 + \frac{5}{12}) \times \frac{2}{11}$;

(3) $(1\frac{2}{17} - \frac{19}{34}) \times \frac{15}{19}$;　　(4) $1239 \times \frac{23}{40} - 439 \times \frac{23}{40}$.

6. 求出下列各式的值.

(1) $5.85 + 1.89 + 2.15$;

(2) $42.5 - 22.17 - 7.83$;

(3) $12.63 - 3.8 + 1.37 + 6.2$;

(4) $8.95 \times 1.001$;

(5) $0.95 \div 0.8$;

(6) $0.78 \times 99 + 0.78$;

(7) $(0.25 + 2.5 + 2.5) \times 0.4$;

(8) $[0.783 + 0.75 \times (0.55 - 0.15)] \div 19$.

7. 求出下列各式的值.

(1) $1.25 \times 1.44 \times 1\frac{1}{2}$;　　(2) $1.25 \div \frac{21}{5} \times 0.3$;

(3) $3.2 \div 1.6 \times 2\frac{1}{2}$;　　(4) $0.75 \times \frac{3}{8} \div 1.125$;

(5) $4 \times 1\frac{1}{2} - 4.8 \div 1.6$;　　(6) $5\frac{3}{4} + 7\frac{1}{2} - 0.75 + 0.5$.

8. 求下列各式的未知数 $x$.

(1) $25 : x = \frac{1}{4} : 4$;　　　(2) $0.8 : \frac{2}{3} = x : 6$;

(3) $4 : \frac{2}{3} = \frac{x}{2}$;　　　　(4) $x : 3 = 0.5 : 5$;

(5) $\frac{3}{4} : x = 3 : 12$;　　　(6) $6 : x = 1\frac{1}{5} : 50\%$.

9. 列式计算.

(1) 5.46 与 7.86 的和, 除以 0.4, 商是多少?

(2) 一个数的 1.5 倍是 3.75, 这个数的 2.4 倍是多少?

(3) 3.7 乘 6.04 与 0.17 的差, 积是多少?

(4) 一个比例的两个内项互为倒数, 一个外项是 $\frac{1}{8}$, 另一个外项是多少?

(5) 一杯糖水,糖与水的比例是 1:4,喝去 $\frac{1}{2}$ 杯糖水后,又用水加满,这时糖与水的比例是多少?

(6) 甲数的 $\frac{3}{4}$ 是甲、乙两数和的 $\frac{1}{4}$,甲、乙两数的比是多少?

10. 应用题.

(1) 文具店按批发价购进每块 0.3 元的橡皮 50 块,然后按 0.5 元的零售价出售,全部售完后可获毛利多少钱?

(2) 某种商品推出三种不同质量的包装,其价格如下表所示,请问哪一种包装最便宜?

| 包 装 | 甲 | 乙 | 丙 |
|---|---|---|---|
| 质 量(kg) | 300 | 600 | 1000 |
| 价格(元) | 50 | 90 | 140 |

(3) 甲、乙、丙三人慢跑,甲 7 分钟走一千米,乙 15 分钟走 2 千米,丙 21 分钟走 4 千米,问三人中谁的速度最慢? 谁的速度最快? 三人中速度最快的比速度最慢的每分钟快几千米?

(4) 某工厂为促销饮料,提出 A,B,C 三个降价方案:A 方案为原价打七折;B 方案为买二送一;C 方案为容量增加百分之三十且售价不变. 问 A, B, C 三个方案中哪个降价最多?

(5) 一本图书《十万个为什么》的售价是 8.8 元,李老师付出 50 元,最多能买多少本? 找回多少钱?

(6) 一列特快和一列普快同时从武汉和北京开出,特快每小时行 86.5 千米,普快每小时行 41.5 千米,经过 5 小时两车相遇,求武汉到北京的路程?

(7) 一件服装原价 100 元,先涨价 20%,再 8 折出售,问实际售价多少元?

(8) 一种农药水是用药粉和水按 1:100 配成的,要配置这种农药水 8080 千克,需要药粉多少千克?

(9) 某学校要栽 253 棵松树,分给三个年级,三年级分到的 $\frac{1}{5}$ 等于二年级分到的 $\frac{1}{4}$,又等于一年级分到的 $\frac{1}{2}$,三个年级各分到多少棵?

(10) 甲、乙、丙三个同学体重总和为 220 千克,他们的体重比是 6:9:7,最重的一个同学达多少千克?

(11) 在 $\frac{1}{1\,000}$ 的平面图上,量得一块长方形操场的长是 36 cm,宽是 24 cm,这块长方形操场的实际周长是多少?

## 1.2　有理数

在生活、生产、科研中，经常遇到数的表示与数的运算问题. 例如：

(1) 武汉冬季里某天的温度为 – 3 ℃ ~ 4 ℃，它的含义是什么？这一天武汉的温差为多少？

(2) 有 $A, B, C$ 三个队参加的足球比赛中，$A$ 队胜 $B$ 队（4 : 1），$B$ 队胜 $C$ 队（1 : 0），$C$ 队胜 $A$ 队（1 : 0），三个队的净胜球分别是 2, – 2, 0，如何确定排名顺序？

(3) 2013 年，民营企业进出口增长 20.6%，国有企业进出口增长 – 0.6%，这里增长 – 0.6%表示什么意思？

这些问题通过本章的学习，都能得到解决.

### 1.2.1　正数和负数

前面的实际问题中出现了数 – 3 ℃, – 2, – 0.6%，它们分别表示零下 3 摄氏度、净输 2 球、进出口量减少 0.6%，这是一种新数. 引例中，4 ℃, 2, 20.6%分别表示零上 4 摄氏度、净胜 2 球、进出口产量增长 20.6%. 像 4 ℃, 2, 20.6%这样大于 0 的数叫做**正数**；像 – 3 ℃, – 2, – 0.6%这样在正数前面加上 " – " 的数叫做**负数**.

**0 既不是正数，也不是负数.**

把 0 以外的数分为正数和负数，起源于表示两种相反意义的量，后来，正数和负数被广泛应用. 股市中的涨幅用正数表示，跌幅用负数表示；记账时，通常用正数表示收入款项，负数表示支出款项；极限公差 $\varphi 30^{-0.02}_{+0.03}$ 中，表示允许误差值的大小在 – 0.02 mm ~ + 0.03 mm，即直径在 (30 – 0.02) mm 与 (30 + 0.03) mm 之间的产品都是合格产品.

### 1.2.2　有理数

#### 1.2.2.1　有理数的概念

我们学过的数有：

正整数，如 1, 2, 3, …；

正分数，如 $\dfrac{1}{2}$, $\dfrac{15}{7}$, 0.53, …；

零，0；

负整数，如 –1，–2，–3，…；

负分数，如 –3.6，$-\dfrac{9}{2}$，$-\dfrac{6}{7}$，….

整数可以看成分母为 1 的分数，所以正整数、正分数、零、负整数、负分数都可以写成分数的形式，这样的数称为**有理数**.

### 1.2.2.2　数　轴

一般地，在数学中人们用画图的方式把数"直观化"．通常用一条直线上的点表示数，这条直线就是数轴．**数轴**是规定了原点、正方向、单位长度的直线，它满足以下条件：

(1) 在直线上任取一个点表示 0，这个点叫做原点；

(2) 通常规定直线上从原点向右（或上）为**正方向**，从原点向左（或下）为**负方向**；

(3) 选取适当的长度为**单位长度**，直线上从原点向右，每隔一个单位长度取一个点，依次表示 1，2，3，…；从原点向左，用类似的方法依次表示 – 1，– 2，– 3，…，如图 1.2-1.

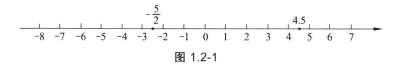

**图 1.2-1**

### 1.2.2.3　相反数

可以看出，在图 1.2-2 中，5 和 -5 两个数分别在原点的左边和右边，而且它们到原点的距离相等，只是符号不同.

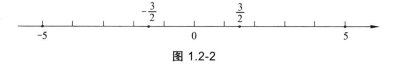

**图 1.2-2**

像 5 和 –5，$\dfrac{3}{2}$ 和 $-\dfrac{3}{2}$ 这样，只有符号不同的两个数称为互为**相反数**.

一般地，$a$ 和 $-a$ 互为相反数．**特别地，0 的相反数是 0.** 这里 $a$ 表示任意一个数，可以是正数、负数或者零．也就是说，在任意一个数的前面添上"–"号，新的数就表示原数的相反数.

例如： $-(+5)=-5$ ， $-(-5)=+5$ ， $-0=0$.

### 1.2.2.4  绝对值

两辆汽车从同一点 $O$ 处出发，分别向东、西两方向行驶 10 km，到达 $A, B$ 两处（见图 1.2-3）. 它们的行驶线路相同吗？行驶的路程远近($OA, OB$)相同吗？

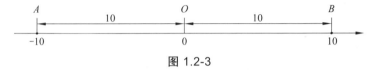

图 1.2-3

一般地，数轴上表示数 $a$ 的点与原点的距离叫做数 $a$ 的**绝对值**，记作 $|a|$ ．

图 1.2-3 中，$A, B$ 两点分别表示 $-10$ 和 10，它们到原点的距离都是 10 个长度单位，所以 $-10$ 和 10 的绝对值都是 10，即：$|-10| = 10$，$|10| = 10$. 两辆汽车行驶的线路不同，但行驶的路程远近相同.

显然，$|0| = 0$.

由绝对值的定义可知：**一个正数的绝对值是它本身；一个负数的绝对值是它的相反数；0 的绝对值是 0**，即

$$|a| = \begin{cases} a, & a > 0, \\ -a, & a < 0, \\ 0, & a = 0. \end{cases}$$

### 1.2.2.5  有理数大小的比较

某城市未来一周的天气预报如表 1.2-1 所示.

表 1.2-1

| 星　期 | 一 | 二 | 三 | 四 | 五 | 六 | 日 |
| --- | --- | --- | --- | --- | --- | --- | --- |
| 最高气温 | 8 ℃ | 7 ℃ | 6 ℃ | 5 ℃ | 3 ℃ | 4 ℃ | 9 ℃ |
| 最低气温 | 0 ℃ | 1 ℃ | −1 ℃ | −2 ℃ | −4 ℃ | −3 ℃ | 2 ℃ |

在表 1.2-1 的 14 个温度中从低到高的排列为：

$-4, -3, -2, -1, 0, 1, 2, 3, 4, 5, 6, 7, 8, 9.$

按照这个顺序，温度在温度计上所对应的点是从下到上的. 把这些数表示在数轴上，它们各点的顺序是从左到右的，如图 1.2-4 所示.

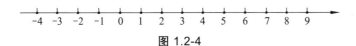

图 1.2-4

数学中规定：在数轴上表示的有理数，它们从左到右的顺序就是从小到大的顺序，即**左边的数小于右边的数**.

由此可得：

(1) **正数大于 0，0 大于负数，正数大于负数.**

(2) **两个负数，绝对值大的反而小.**

**练习**

1. 画出数轴，并在数轴上表示下列有理数：

$1.5$，$2$，$-2$，$-2.5$，$4\frac{1}{2}$，$-5$，$0$.

2. 比较下列各组数的大小.

(1) $-(-1)$与$-(+2)$；   (2) $-\frac{8}{21}$与$-\frac{3}{7}$；

(3) $0$与$-0.01$；   (4) $-(-0.3)$与$|-\frac{1}{3}|$.

## 1.2.3 有理数的四则运算

### 1.2.3.1 有理数的加法

本节引言中，$A, B, C$ 三队的净胜球是如何计算的？足球循环赛中，可以把进球数记为正数，失球数记为负数，它们的和叫做净胜球. $A$ 队进 4 个球，失 2 个球；$B$ 队失 4 个球，进 2 个球；$C$ 队失 1 个球，进 1 个球. 于是 $A, B, C$ 三队的净胜球数分别是：$4 + (-2), (-4) + 2, (-1) + 1$，这就用到了有理数加法.

有理数加法法则：

(1) 同号两数相加，取相同的符号，并把绝对值相加；

(2) 绝对值不相等的异号两数相加，取绝对值较大的数的符号，并用较大的绝对值减去较小的绝对值. 互为相反数的两个数相加得 0.

(3) 一个数同 0 相加，仍得这个数.

所以，$A, B, C$ 三队的净胜球数分别为

$$4 + (-2) = 4 - 2 = 2;$$
$$(-4) + 2 = -2;$$
$$(-1) + 1 = 0.$$

#### 1.2.3.2 有理数的减法

参照表 1.2-1，求某城市未来一周每天的温差（最高气温减去最低气温）：

$8 - 0$，$7 - 1$，$6 - (-1)$，$5 - (-2)$，$3 - (-4)$，$4 - (-3)$，$9 - 2$，这里就用到有理数的减法.

**有理数减法法则：减去一个数等于加上这个数的相反数，用公式表示为：**

$$a - b = a + (-b).$$

#### 1.2.3.3 有理数的乘法

**有理数乘法法则：两数相乘，同号得正，异号得负，并把绝对值相乘. 任何数同 0 相乘，都得 0.**

#### 1.2.3.4 有理数的除法

**有理数除法法则：除以一个不等于 0 的数，等于乘以这个数的倒数，用公式表示为：**

$$a \div b = a \times \frac{1}{b}.$$

从有理数除法法则中容易得出：

**两数相除，同号得正，异号得负，并把绝对值相除. 0 除以任何一个不等于 0 的数，都得 0.**

以前学过的运算规律及加减乘除混合运算规则对有理数的混合运算也适用.

计算器是一种方便实用的计算工具，用计算器进行比较复杂的数的计算，比笔算要快捷得多.

例如：用计算器计算$(-1.5) \times 3 + 2 \times 3 + 1.7 \times 4 + (-2.3) \times 2$，只要按键 $-1.5 \times 3 + 2 \times 3 + 1.7 \times 4 + (-2.3) \times 2 =$ 就可得到答案 3.7.

**练习**

1. 计算：

(1) $(-3.9) + (-9.1)$；　　(2) $(-4.7) + 2.8$；

(3) $(-5.6) + 5.6$；　　(4) $(-3.2) - (-5.9)$；

(5) $0 - 7$；　　(6) $7.2 - (-4.8)$；

(7) $(-3) \times 9$；　　(8) $(-\frac{1}{2}) \times (-2)$；

(9) $(-36) \div 9$;　　　　(10) $(-\dfrac{12}{25}) \div (-\dfrac{3}{5})$.

2. 计算：

(1) $(-8) + 10 + 2 + (-1)$;

(2) $(-20) + (+3) - (-5) - (+7)$;

(3) $(-2.5) \div \dfrac{5}{8} \times (-\dfrac{1}{4})$;

(4) $(-3) \times \dfrac{5}{6} \times (-\dfrac{9}{5}) \times (-\dfrac{1}{4})$;

(5) $(-5) \times 6 \times (-\dfrac{4}{5}) \times \dfrac{1}{4}$.

## 1.2.4　有理数的乘方

### 1.2.4.1　乘方

边长为 $a$ 的正方形的面积是 $a \cdot a$，棱长为 $a$ 的正方体的体积是 $a \cdot a \cdot a$.

把 $a \cdot a$ 简记作 $a^2$，读作 $a$ 的平方（或二次方）；

把 $a \cdot a \cdot a$ 简记作 $a^3$，读作 $a$ 的立方（或三次方）.

一般地，$n$ 个相同的因数 $a$ 相乘，即 $\underbrace{a \cdot a \cdot \cdots \cdot a}_{n\text{个}}$，记作 $a^n$，读作 $a$ 的 $n$ 次方.

**求 $n$ 个相同的因数的积的运算，叫做乘方，乘方的结果叫做幂. 在 $a^n$ 中，$a$ 叫做底数，$n$ 叫做指数. 当 $a^n$ 看作 $a$ 的 $n$ 次方的结果时，也可读作 $a$ 的 $n$ 次幂.**

例如，在 $9^4$ 中，底数是 9，指数是 4，$9^4$ 读作 9 的 4 次方或 9 的 4 次幂.

一个数可以看作这个数本身的一次方. 例如：5 就是 $5^1$，指数 1 通常省略不写.

因为 $a^n$ 就是 $n$ 个 $a$ 相乘，所以可以利用有理数的乘法运算来进行有理数的乘方运算.

根据有理数的乘法法则可以得出：**负数的奇次幂是负数，负数的偶次幂是正数.**

显然，**正数的任何次幂都是正数，0 的任何整数次幂都是 0.**

用计算器计算 $(-8)^5$，按键 $(\ -\ 8\ )\ \boxed{x^y}\ 5\ =$，显示结果为 $-32768$.

做有理数的混合运算时，应注意按以下顺序进行：

(1) 先乘方，再乘除，最后加减；

(2) 同级运算，从左到右进行；

(3) 如有括号，先做括号内的运算，按小括号、中括号、大括号依次进行.

**练习**  计算下列各题.

(1) $(-4)^3$;　　　(2) $(-2)^4$;　　　(3) $(-\frac{2}{3})^3$;

(4) $2 \times (-3)^3 - 4 \times (-3) + 15$;

(5) $(-2)^3 + (-3) \times [(-4)^2 + 2] - (-3)^2 \div (-2)$.

### 1.2.4.2  科学计数法

现实中，我们会遇到一些比较大的数. 例如，太阳的半径（约 696 000 千米），光的速度（约 300 000 000 米/秒），目前世界总人口（约 69 000 000 000 人）等，读、写这样大的数确实存在一定的困难.

观察 10 的乘方的特点：

$$10^1 = 10, \ 10^2 = 100, \ 10^3 = 1000, \ \cdots$$

$$10^{-1} = 0.1, \ 10^{-2} = 0.01, \ 10^{-3} = 0.001, \ \cdots$$

所以可以利用 10 的乘方表示一些较大的数和较小的数，例如：

$$567\,000\,000 = 5.67 \times 100\,000\,000 = 5.67 \times 10^8,$$

$$0.000\,023\,4 = 2.34 \times 10^{-5}$$

这样不仅可以书写简短，还便于读数.

像上面这样，将一个数字表示成

$$a \times 10^n (其中 1 \leqslant |a| < 10, \ n 为整数)$$

的形式，这种计数方法叫做科学计数法.

**例**  用科学计数法表示下列各数：

$1\,000\,000, \ 57\,000\,000, \ 123\,000\,000\,000, \ 0.003\,62$.

**解**　$1\,000\,000 = 10^6$;

　　　$57\,000\,000 = 5.7 \times 10^7$;

　　　$123\,000\,000\,000 = 1.23 \times 10^{11}$;

　　　$0.003\,62 = 3.62 \times 10^{-3}$.

### 1.2.4.3  近似数

先看一个例子. 对于参加同一个会议的人数，有两则报道. 一则报道说："会议秘书处宣布，参加今天会议的有

513 人."这里数字 513 确切地反映了实际人数,它是一个准确数.另一则报道说:"约有五百人参加了会议."五百这个数只是接近实际人数,但与实际人数还有差别,它是一个近似数.

在许多情况下,很难取得准确数或者不必使用准确数,只使用近似数即可.例如,宇宙现在的年龄约为 200 亿年,长江长约 6300 千米,圆周率 π 约为 3.14,这些数都是近似数.

近似数与准确数的接近程度,可以用精确度来表示.例如,前面的 500 是精确到百位的近似数,它与准确数 513 的误差为 13.

按四舍五入法对圆周率 π 取近似数时,有

π≈3(精确到个位),

π≈3.1(精确到 0.1,或精确到十分位),

π≈3.14(精确到 0.01,或精确到百分位),

π≈3.142(精确到_____,或精确到_____),

……

### ..2.4.4 有效数字

从一个数的左边第一个非 0 数字起,到末位数字止,所有的数字都是这个数的**有效数字**.

例如,0.025 有两位有效数字:2,5;1500 有 4 位有效数字:1,5,0,0;0.103 有 3 位有效数字 1,0,3.可以按有效数字位数的要求对一个数取近似数.例如,如果保留 2 位有效数字,1.804≈1.8;如果保留 3 位有效数字,1.804≈1.80;而 890 314 000 保留三位有效数字是 $8.90×10^8$.

这里的 1.8 和 1.80 的精确度相同吗?表示近似数时,能简单地把 1.80 后面的 0 去掉吗?

**练习** 按括号内的要求,用四舍五入法对下列各数取近似数:

(1) 0.0158(精确到 0.001);

(2) 304.35(精确到个位);

(3) 3.701(精确到 0.1);

(4)3.701(精确到 0.01);

(5) 0.03012(保留两位有效数字).

科学计数法、近似数也可以用计算器做.如计算 200000÷3,并保留 3 位小数,然后化为科学计数法,可依次按键:2 0 0 0 0 0 ÷ 3 ,显示结果为 66 666.666 66;按

MODE MODE MODE ⚊ ③, 显示结果为 66 666.667（保留 3 位小数）; 按 MODE MODE MODE ② ③, 显示结果为 6.67⁴(即科学计数法表示 $6.67 \times 10^4$).

## 习题 1.2

1. 将下列各组数按从小到大的顺序排列.

(1) $5, \dfrac{2}{15}, -\dfrac{1}{9}, -\dfrac{13}{8}, 10.1, -5.3, 0$;

(2) $-(+3), \left|-\dfrac{1}{2}\right|, 0.7, -\dfrac{2}{3}, -5, 4.6$;

(3) $-0.33, -\dfrac{1}{3}, 0, \dfrac{1}{3}, \dfrac{2}{5}, -1, 0.33$.

2. 计算.

(1) $-4.2 + 5.7 - 8.4 + 10$;

(2) $12 - (-18) + (-7) - 15$;

(3) $4.7 - (-8.9) - 7.5 + (-6)$;

(4) $-\dfrac{1}{4} + \dfrac{5}{6} + \dfrac{2}{3} - \dfrac{1}{2}$;

(5) $-\dfrac{8}{25} \times 1.25 \times (-8)$;

(6) $0.1 \div (-0.001) \div (-1)$;

(7) $-\dfrac{3}{4} \times \left(-1\dfrac{1}{2}\right) \div \left(-2\dfrac{1}{4}\right)$;

(8) $(-6) \times (-0.25) \times \dfrac{11}{15}$;

(9) $(-7) \times (-56) \times 0 \div (-13)$;

(10) $(-9) \times (-11) \div 3 \div (-3)$;

(11) $6 \div \left(-\dfrac{1}{5}\right) - 2 \times (-1.5)^3$;

(12) $-66 \times 4 - (-2.5) \div (-0.1)$;

(13) $(-2)^3 \times 5 - (-2)^3 \div 4$;

(14) $-(3^2 - 5) + 3^2 \times (1 - 3)$.

3. 用计算器计算（结果精确到百分位）.

(1) $-5.13 + 4.62 + (-8.47) - (-2.3)$;

(2) $26 \times (-41) + (-53) \times (-17)$;

(3) $1.252 \div (-44) - (-356) \div (-0.196)$;

(4) $(-36) \times 128 \div (-74)$;

(5) $(-4.325) \times (-0.012) - 2.31 \div (-5.315)$;

(6) $(-6.23) \div (-0.25) \times 940$;

(7) $180.65 - (-32) \times 4.78 \div (-15.5)$;

(8) $(-12)^8$;

(9) $103^4$;

(10) $(-11)^6 - 16^4 + 8.4^2 - (-5.6)^3$.

4. 用四舍五入法，按括号内的要求，对下列各数取近似数.

(1) 245.635（精确到 0.01）;

(2) 175.65（精确到个位）;

(3) 12.001（精确到百分位）;

(4) 6.5378（精确到 0.01）;

(5) 61.235（保留 4 个有效数字）.

5. 列式计算.

(1) 一天早晨的气温是 $-7 \ ^\circ\text{C}$，中午上升了 $11 \ ^\circ\text{C}$，半夜又下降了 $9 \ ^\circ\text{C}$，半夜的气温是多少？

(2) 食品店一周中各天盈亏情况如下：（盈余为正）（单位：元）

132，$-12.5$，$-10.5$，127，$-87$，136.5，98

一周总的盈亏情况如何？

(3) 有 8 筐白菜，以每筐 25 千克为准，超过的千克数记作正数，不足的千克数记作负数，称后的记录如下：

1.5，$-3.2$，$-0.5$，1，$-2$，$-2$，$-2.5$，2

这 8 筐白菜一共多少千克？

(4) 一架直升机从高度为 450 m 的位置开始，先以 20 m/s 的速度上升 60 s，再以 12 m/s 的速度下降 12 s，这时直升机所在高度是多少？

(5) 一个长方体的长、宽都是 $a$，高是 $b$，它的体积和表面积怎样计算？当 $a = 2$，$b = 5$ 时，它的体积和表面积是多少？

(6) 一天有 $8.64 \times 10^4$ s，一年按 365 天计算，一年有多少秒（用科学计数法表示）？

(7) 当温度每上升 $1 \ ^\circ\text{C}$ 时，某种金属丝伸长 0.002 mm；反之，当温度下降 $1 \ ^\circ\text{C}$ 时，金属丝缩短 0.002 mm. 把 $15 \ ^\circ\text{C}$ 的金属丝加热到 $60 \ ^\circ\text{C}$，再使它冷却降温到 $5 \ ^\circ\text{C}$，金属丝的长度经历了怎样的变化？最后的长度比原来长度伸长了多少？

# 1.3 实 数

已知正方形的面积，求正方形的边长；或已知正方体的体积，求正方体的边长，就要用到平方根、立方根的概念.

随着人类对数的认识的不断深入，人们从现实世界抽象出一种不同于有理数的数 —— 无理数. 有理数和无理数合起来形成一种新的数 ——实数.

## 1.3.1 平方根

一般地，如果一个正数 $x$ 的平方等于 $a$，即

$$x^2 = a,$$

那么这个正数 $x$ 叫做 $a$ 的**算术平方根**，$a$ 的算术平方根记作 $\sqrt{a}$，$a$ 叫做**被开方数**.

**规定：0 的算术平方根是 0.**

**例 1** 求下列各数的算术平方根.

(1) 100；　　(2) $\dfrac{49}{64}$；　　(3) 0.0001.

**解** (1) 因为 $10^2 = 100$，所以 $\sqrt{100} = 10$.

(2) 因为 $(\dfrac{7}{8})^2 = \dfrac{49}{64}$，所以 $\sqrt{\dfrac{49}{64}} = \dfrac{7}{8}$.

(3) 因为 $0.01^2 = 0.0001$，所以 $\sqrt{0.0001} = 0.01$.

如果一个数的平方等于 100，这个数是多少？从例 1 中知道这个数可以是 10，那么除了 10 以外，还有没有别的数呢？由于 $(-10)^2 = 100$，那么这个数也可以是 $-10$.

一般地，如果一个数的平方等于 $a$，那么这个数叫做 $a$ 的平方根或（二次方根）. 这就是说，如果

$$x^2 = a,$$

那么 $x$ 叫做 $a$ **的平方根**. 求一个数的平方根的运算，叫做**开平方**.

**例 2** 求下列各数的平方根.

(1) 0.25；　　(2) $\dfrac{9}{16}$.

**解** (1) 因为 $(\pm 0.5)^2 = 0.25$，所以 0.25 的平方根为 $\pm 0.5$.

(2) 因为 $(\pm \dfrac{3}{4})^2 = \dfrac{9}{16}$，所以 $\dfrac{9}{16}$ 的平方根为 $\pm \dfrac{3}{4}$.

正数有两个平方根，它们互为相反数；0 的平方根是 0；负数没有平方根.

## 1.3.2 立方根

一般地，如果一个数的立方等于 $a$，那么这个数叫做 $a$ 的立方根或三次根. 这就是说，如果

$$x^3 = a,$$

那么 $x$ 叫做 $a$ 的立方根，记作 $\sqrt[3]{a}$，其中 $a$ 是被开方数，3 是根指数，根指数不能省略. 求一个数的立方根的运算，叫做开立方.

正如开平方与平方互为逆运算一样，开立方与立方也互为逆运算，我们可以根据这种关系求一个数的立方根.

**例 3** 求下列各式的值.

(1) $\sqrt[3]{64}$ ；  (2) $\sqrt[3]{-125}$ ；  (3) $\sqrt[3]{-\dfrac{27}{64}}$ .

**解** (1) 因为 $4^3 = 64$，所以 $\sqrt[3]{64} = 4$.

(2) 因为 $(-5)^3 = -125$，所以 $\sqrt[3]{-125} = -5$.

(3) 因为 $(-\dfrac{3}{4})^3 = -\dfrac{27}{64}$，所以 $\sqrt[3]{-\dfrac{27}{64}} = -\dfrac{3}{4}$.

实际上，很多有理数的平方根、立方根都是无限不循环小数. 例如，$\sqrt{2}$，$\sqrt[3]{10}$ 等都是无限不循环小数，我们可以用计算器求出它们的近似值.

大多数计算器都有 $\sqrt{\phantom{x}}$ 和 $\sqrt[3]{\phantom{x}}$ 键，用它们可以直接求出一个数的平方根、立方根. 求 $\sqrt{2}$ 时，依次按键 $\boxed{\sqrt{\phantom{x}}}$ $\boxed{2}\boxed{=}$ 就可以求出 $\sqrt{2}$ 的近似值：1.414 213 562；求 $\sqrt[3]{10}$ 时，可依次按键 $\boxed{\sqrt[3]{\phantom{x}}}$ $\boxed{1}\boxed{0}\boxed{=}$ 就可以求出 $\sqrt[3]{10}$ 的近似值：2.154 434 69.

**练习** 用计算器求下列各式的值.

(1) $\sqrt{867}$ ；  (2) $\sqrt{0.46254}$ ；  (3) $\pm\sqrt{2404}$ ；

(4) $\sqrt[3]{1728}$ ；  (5) $\sqrt[3]{-15625}$ ；  (6) $\pm\sqrt[3]{2197}$ .

## 1.3.3 实 数

用计算器计算 $3$，$-\dfrac{3}{5}$，$\dfrac{47}{8}$，$\dfrac{9}{11}$，$\dfrac{11}{90}$，$\dfrac{5}{9}$ 的值，结果为

$$3 = 3.0; \quad -\dfrac{3}{5} = -0.6; \quad \dfrac{47}{8} = 5.875;$$

$$\frac{9}{11} = 0.\dot{8}\dot{1} ; \quad \frac{11}{90} = 0.12\dot{2} ; \quad \frac{5}{9} = 0.\dot{5}.$$

我们发现,上面的有理数都可以写成有限小数或者无限循环小数的形式. 事实上,**任何一个有理数都可以写成有限小数或无限循环小数的形式**;反过来,**任何有限小数或无限循环小数也都是有理数**.

我们知道,很多数的平方根和立方根都是无限不循环小数,**无限不循环小数又叫做无理数**. 例如,$\sqrt{2}$,$-\sqrt{5}$,$\sqrt[3]{2}$,$\sqrt[3]{3}$,…都是无理数,$\pi = 3.141\ 592\ 65\cdots$也是无理数.

**有理数和无理数统称为实数**.

这样我们学过的数可以列成下表:

$$实数 \begin{cases} 有理数——有限小数或无限循环小数 \\ 无理数——无限不循环小数 \end{cases}$$

像有理数一样,无理数也有正负之分. 例如,$\sqrt{2}$,$\sqrt[3]{3}$,$\pi$ 是正无理数;$-\sqrt{2}$,$-\sqrt[3]{3}$,$-\pi$ 是负无理数. 由于非零有理数和无理数都有正负之分,所以实数也可以这样分类:

$$实数 \begin{cases} 正实数 \begin{cases} 正有理数 \\ 正无理数 \end{cases} \\ 0 \\ 负实数 \begin{cases} 负有理数 \\ 负无理数 \end{cases} \end{cases}$$

我们知道,每个有理数都可以用数轴上的点来表示,那么无理数是否也可以用数轴上的点来表示呢?

如图 1.3-1,直径为 1 个单位长度的圆从原点沿数轴向右滚动一周,圆上的一点由原点 $O$ 到达点 $O'$,点 $O'$ 的坐标是多少?

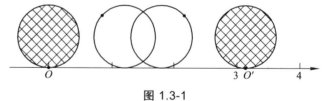

图 1.3-1

从图中可以看出,$OO'$ 的长是这个圆的周长 $\pi$,所以 $O'$ 的坐标是 $\pi$. 这样,无理数 $\pi$ 可以用数轴上的点表示出来.

又如,以单位长度为边长画一个正方形(图 1.3-2),以原点为圆心、正方形对角线为半径画弧,与正半轴的交点就表示 $\sqrt{2}$,与负半轴的交点就表示 $-\sqrt{2}$.

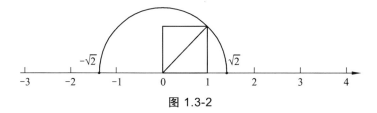

图 1.3-2

事实上,每一个无理数都可以用数轴上的一个点表示出来. 这就是说,数轴上的点有些表示有理数,有些表示无理数.

当数从有理数扩充到实数以后,**实数与数轴上的点就是一一对应的**,即每一个实数都可以用数轴上的一个点来表示;反过来,**数轴上的每一个点都表示一个实数**.

平面直角坐标系中的点与有序实数对之间也是一一对应的.

与有理数一样,对于**数轴上的任意两个点,右边的点表示的实数总比左边的点表示的实数大**. 当数从有理数扩充到实数以后,有理数关于相反数和绝对值的意义同样适合实数.

**数 $a$ 的相反数是 $-a$,这里 $a$ 表示任意一个实数.**

**一个正实数的绝对值是它本身;一个负实数的绝对值是它的相反数;0 的绝对值是 0.**

**例 4**　(1) 分别写出 $-\sqrt{6}$,$\pi-3.14$ 的相反数;

(2) 指出 $-\sqrt{5}$,$1-\sqrt[3]{3}$ 各是什么数的相反数;

(3) 求 $\sqrt[3]{-64}$ 的绝对值;

(4) 已知一个数的绝对值是 $\sqrt{3}$,求这个数.

**解**　(1) 因为

$$-(-\sqrt{6})=\sqrt{6}\ ,\quad -(\pi-3.14)=3.14-\pi,$$

所以 $-\sqrt{6}$,$\pi-3.14$ 的相反数分别为 $\sqrt{6}$,$3.14-\pi$.

(2) 因为

$$-(\sqrt{5})=-\sqrt{5}\ ,\quad -(\sqrt[3]{3}-1)=1-\sqrt[3]{3}\ ,$$

所以 $-\sqrt{5}$,$1-\sqrt[3]{3}$ 分别是 $\sqrt{5}$,$\sqrt[3]{3}-1$ 的相反数.

(3) 因为

$$\sqrt[3]{-64}=-\sqrt[3]{64}=-4,$$

所以

$$\left|\sqrt[3]{-64}\right|=|-4|=4\ .$$

(4) 因为

$$\left|\sqrt{3}\right| = \sqrt{3} , \quad \left|-\sqrt{3}\right| = \sqrt{3},$$

所以绝对值是 $\sqrt{3}$ 的数有 $\sqrt{3}$ 或 $-\sqrt{3}$ .

当数从有理数扩充到实数以后，实数之间不仅可以进行加、减、乘、除（除数不为 0）、乘方运算，而且正数及 0 可以进行开平方运算，任意一个实数可以进行开立方运算．在进行实数运算时，有理数的运算法则及运算性质等同样适用．

**加法的结合律**：$(a + b) + c = a + (b + c)$.

**加法的交换律**：$a + b = b + a$.

**乘法的结合律**：$(a \times b) \times c = a \times (b \times c)$.

**乘法的交换律**：$a \times b = b \times a$.

**乘法的分配律**：$a \times (b + c) = a \times b + a \times c$.

同一算式里的同级运算从左到右依次计算．如果算式中含有多级运算，就先算乘方开方，再算乘除，最后算加减；有括号的先算括号里面的，再算括号外面的．

**例5** 计算下列各式的值．

(1) $\sqrt{2} \times \dfrac{1}{3} \times \sqrt{3} \times \sqrt{6}$ ；

(2) $4\sqrt{3} - 2\sqrt{\dfrac{1}{3}} + \dfrac{1}{3}\sqrt{75}$ ；

(3) $\sqrt[3]{\dfrac{1}{8}} - (-0.25)^3 + 2.89^2 - \left|\sqrt[3]{\dfrac{1}{64}} - 1\right|$ .

**解** (1) 原式 $= \dfrac{1}{3} \times \sqrt{2 \times 3 \times 6}$

$$= \dfrac{1}{3} \times 6$$

$$= 2.$$

(2) 原式 $= 4\sqrt{3} - \dfrac{2\sqrt{3}}{3} + \dfrac{5\sqrt{3}}{3}$

$$= 5\sqrt{3}.$$

(3) 原式 $= \dfrac{1}{2} + 0.015625 + 8.3521 - \left|\dfrac{1}{4} - 1\right|$

$$= 0.5 + 0.015625 + 8.3521 - \left|0.25 - 1\right|$$

$$= 8.117725.$$

在实数运算中，当遇到无理数并且需要求出结果的近似值时，可以按照所要求的精确度用相应的近似有限小数去代替无理数，再进行计算.

## 习题 1.3

1. 求下列各式的值.

(1) $\sqrt{2.25}$；　　　　(2) $-\sqrt{\dfrac{49}{169}}$；　　(3) $\sqrt[3]{-1}$；

(4) $\sqrt{0.16}$；　　　　(5) $\sqrt[3]{\dfrac{125}{27}}$；　　(6) $\sqrt[3]{5^6}$.

2. 用计算器求下列各式的值（精确到 0.001）.

(1) $-\sqrt{94.3}$；　　　(2) $\sqrt[3]{0.43}$；　　(3) $\sqrt{55225}$；

(4) $\sqrt[3]{-34012224}$；　(5) $\sqrt{5}+\pi$；　　(6) $\sqrt{3}\times\sqrt{2}$.

3. 比较下列各组数的大小.

(1) $|-1.5|$，$1.\dot{5}$；　　(2) 1.414，$\sqrt{2}$；

(3) $\dfrac{2}{3}$，0.66667.

4. 计算下列各式的值.

(1) $3\sqrt{20}+\sqrt{45}-\sqrt{\dfrac{1}{5}}$；

(2) $(-7\sqrt{\dfrac{1}{28}})\times(-\dfrac{1}{3}\sqrt{126})$；

(3) $\sqrt{75}+2\sqrt{5\dfrac{1}{3}}-3\sqrt{108}-8\sqrt{\dfrac{1}{3}}$；

(4) $-\sqrt[3]{8}+\sqrt{25}-\sqrt[3]{1}-\sqrt{196}$.

5. 天气晴朗时，能看到大海的最远距离 $S$（km）可用公式：

$$S^2 = 16.88h$$

来估算，其中 $h$（单位：m）是眼睛离海平面的高度. 如果一个人站在岸边观察，当眼睛离海平面的高度是 1.5 m 时，能看多远？（精确到 0.1 km）如果登上一个观望台，当眼睛离海平面的高度是 35 m 时能看多远？（精确到 0.01 km）

6. 要生产一种容积为 500 升的球形容器，这种球形容器的半径是多少分米？（结果保留小数点后两位）

# 1.4 数据分析

农科院为了选出适合某地种植的甜玉米种子,对甲、乙两个品种各用 10 块试验田进行试验,得到各试验田每公顷的产量,见表 1.4-1. 根据这些数据,该为农科院选择甜玉米种子提出怎样的建议呢?

表 1.4-1

| 品种 | 各试验田每公顷产量(吨) | | | | | | | | | |
|---|---|---|---|---|---|---|---|---|---|---|
| 甲 | 7.65 | 7.50 | 7.62 | 7.59 | 7.65 | 7.64 | 7.50 | 7.40 | 7.41 | 7.41 |
| 乙 | 7.55 | 7.56 | 7.53 | 7.44 | 7.49 | 7.52 | 7.58 | 7.46 | 7.53 | 7.49 |

甜玉米的产量和产量的稳定性是农科院选择种子时所关心的问题. 如何考虑一种甜玉米的产量和产量的稳定性呢? 这要用到本节将要学到的如何用样本的平均数和方差估计总体的平均数和方差等知识.

通过本节的学习,你将对数据的作用有更多的认识,对用样本估计总体的思想有更深的体会.

## 1.4.1 平均数

我们经常听到老师总结考试成绩时,说到班级的平均成绩问题,这里的班级某门课程的平均成绩,就是数学中的求算术平均数的问题.

**算术平均数**是指在一组数据中所有数据之和再除以数据的个数. 它是反映数据集中趋势的一项指标, $n$ 个数 $x_1, x_2, \cdots, x_n$ 的算术平均数,用公式表示为

$$\overline{x} = \frac{x_1 + x_2 + \cdots + x_n}{n}.$$

**例 1** 某班甲组 10 名同学的数学期末成绩为:

87,69,52,76,63,65,90,61,69,70,

求该组同学的数学期末平均成绩.

**解**

$$\frac{87+69+52+76+63+65+90+61+69+70}{10} = 70.2,$$

所以,该组同学的数学期末平均成绩是 70.2.

**例 2**　某市三个郊县的人数及人均耕地面积如表 1.4-2，这个市郊县的人均耕地面积是多少？

表 1.4-2

| 郊县 | 人数（单位：万） | 人均耕地面积（单位：公顷） |
|---|---|---|
| A | 15 | 0.15 |
| B | 7 | 0.21 |
| C | 10 | 0.18 |

**解**

$$\frac{0.15\times15+0.21\times7+0.18\times10}{15+7+10}=0.1725(公顷).$$

上例中，由于各郊县的人数不同，各郊县的人均耕地面积对该市郊县的人均耕地面积的影响是不同的. 三个郊县的人数（单位：万）15, 7, 10 分别为三个数据 0.15, 0.21, 0.18 的权，平均数 0.1725 称为三个数 0.15, 0.21, 0.18 的加权平均数.

**例 3**　一次演讲比赛，评委将从演讲内容、演讲能力、演讲效果三个方面为选手打分，各项成绩均按百分制，然后再按演讲内容占 50%，演讲能力占 40%，演讲效果占 10% 的比例，计算选手的综合成绩（百分制）. 进入决赛前两名选手的单项成绩如表 1.4-3 所示：

表 1.4-3

| 选手 | 演讲内容(50%) | 演讲能力(40%) | 演讲效果(10%) |
|---|---|---|---|
| A | 85 | 95 | 95 |
| B | 95 | 85 | 95 |

请决出两人的名次.

**解**　选手 A 的最后得分是：

$$\frac{85\times50\%+95\times40\%+95\times10\%}{50\%+40\%+10\%}=90;$$

选手 B 的最后得分是：

$$\frac{95\times50\%+85\times40\%+95\times10\%}{50\%+40\%+10\%}=91,$$

所以，选手 B 获得第一名，选手 A 获得第二名.

例 3 中选手 A, B 的最后得分都是加权平均数，50%，40%，10% 分别是演讲内容、演讲能力、演讲效果成绩的权.

在求 $n$ 个数的算术平均数时，如果 $x_1$ 出现 $f_1$ 次，$x_2$ 出现 $f_2$ 次，……，$x_k$ 出现 $f_k$ 次（这里 $f_1 + f_2 + \cdots + f_k = n$），那么这 $n$ 个数的算术平均数

$$\overline{x} = \frac{x_1 f_1 + x_2 f_2 + \cdots + x_k f_k}{n}$$

叫做 $x_1, x_2, \cdots, x_k$ 这 $k$ 个数的**加权平均数**. 其中 $f_1, f_2, \cdots, f_k$ 分别叫做 $x_1, x_2, \cdots, x_k$ 的**权**.

**例 4** 为了了解 5 路公共汽车的运营情况，公交部门统计了某天 5 路公共汽车每个运行班次的载客量，得到表 1.4-4：

表 1.4-4

| 载客量（人） | 组中值 | 频数（班次） |
|---|---|---|
| $1 \le x < 21$ | 11 | 3 |
| $21 \le x < 41$ | 31 | 5 |
| $41 \le x < 61$ | 51 | 20 |
| $61 \le x < 81$ | 71 | 22 |
| $81 \le x < 101$ | 91 | 18 |
| $101 \le x < 121$ | 111 | 15 |

这天 5 路公共汽车平均每班的载客量是多少人？

（数据分组后，一个小组的组中值是指这个小组的两个端点的数的平均数. 例如，小组 $1 \le x < 21$ 的组中值为 $\frac{1+21}{2} = 11$）

**解** 这天 5 路公共汽车平均每班的载客量是：

$$\overline{x} = \frac{11 \times 3 + 31 \times 5 + 51 \times 20 + 71 \times 22 + 91 \times 18 + 111 \times 15}{3 + 5 + 20 + 22 + 18 + 15} \approx 73 (人).$$

## 1.4.2 方 差

统计中还常采用考察一组数据与它的平均数之间差别的方法，来反映这组数据的波动情况.

在一次女子排球比赛中，甲、乙两队参赛选手的年龄如下：

甲队　26　25　28　28　24　28　26　28　27　29

乙队　28　27　25　28　27　26　28　27　27　26

(1)两队参赛选手的平均年龄分别是多少？

(2)你能说说两队参赛选手年龄波动的情况吗？

上面两组数据的平均数分别是 $\bar{x}_{甲} = 26.9$ ，$\bar{x}_{乙} = 26.9$ ，即甲、乙两队参赛选手的平均年龄相同.

由图 1.4-1 可直观地看出甲、乙两队参赛选手年龄的分布情况. 从图中我们可以看出，甲队选手的年龄与其平均年龄的偏差较大，乙队选手的年龄较集中地分布在平均年龄上下. 那么从图中看出的结果能否用一个量来刻画呢？

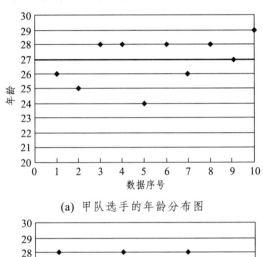

(a) 甲队选手的年龄分布图

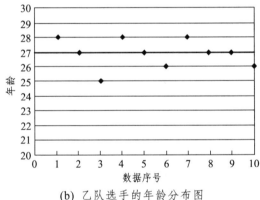

(b) 乙队选手的年龄分布图

图 1.4-1

为了刻画一组数据的波动大小，可以采用很多方法，统计中常采用下面的做法：

设有 $n$ 个数据 $x_1$，$x_2$，$\cdots$，$x_n$，各数据与它们的平均数的差的平方分别是

$$(x_1 - \bar{x})^2，\ (x_2 - \bar{x})^2，\ \cdots，\ (x_n - \bar{x})^2，$$

我们用它们的平均数来衡量这组数据的波动大小，其结果叫做这组数据的**方差**，记作 $s^2$.

$$s^2 = \frac{1}{n}[(x_1 - \bar{x})^2 + (x_2 - \bar{x})^2 + \cdots + (x_n - \bar{x})^2].$$

从上面计算方差的式子可以看出：当数据分布比较分散（即数据在平均数附近波动较大）时，各个数据与平均数的差的平方和较大，方差就较大；当数据分布比较集中时，各个数据与平均数的差的平方和较小，方差就较小. 因此**方差越大，数据的波动就越大；方差越小，数据的波动越小**.

下面利用方差来分析甲、乙两队队员年龄的波动情况. 两组数据的方差分别是：

$$s_{甲}^2 = \frac{(26-26.9)^2 + (25-26.9)^2 + \cdots + (29-26.9)^2}{10} = 2.29,$$

$$s_{乙}^2 = \frac{(28-26.9)^2 + (27-26.9)^2 + \cdots + (26-26.9)^2}{10} = 0.89.$$

显然，$s_{甲}^2 > s_{乙}^2$，由此可知甲队选手年龄的波动较大，这与我们从图 1.4-1 中看到的结果一致.

**例 5** 在一次芭蕾舞比赛中，甲、乙两个芭蕾舞团都表演了舞剧《天鹅湖》，参加表演的女演员的身高（单位：cm）分别是

甲团　163　164　164　165　165　166　166　167

乙团　163　165　165　166　166　167　168　168

问哪个芭蕾舞团女演员的身高更整齐？

**解** 甲、乙两团演员的平均身高及方差分别是

$$\overline{x}_{甲} = \frac{163 + 164 \times 2 + 165 \times 2 + 166 \times 2 + 167}{8} = 165,$$

$$\overline{x}_{乙} = \frac{163 + 165 \times 2 + 166 \times 2 + 167 + 168 \times 2}{8} = 166;$$

$$s_{甲}^2 = \frac{(163-165)^2 + (164-165)^2 \times 2 + \cdots + (167-165)^2}{8} = 1.5,$$

$$s_{乙}^2 = \frac{(163-166)^2 + (165-166)^2 \times 2 + \cdots + (168-166)^2 \times 2}{8} = 2.5.$$

由 $s_{甲}^2 < s_{乙}^2$ 可知，甲芭蕾舞团女演员的身高更整齐.

利用计算器可以便捷地求出一组数据的平均数、标准差、方差，其一般步骤是：

(1) 打开计算器，按键 MODE 2 进入统计状态.

(2) 按键 SHIFT AC/ON = 清除机器中原有的统计数据.

(3) 输入数据. 键入第一个数据并按 M+，完成第 1 个数据输入. 重复上述步骤，直至输入了所有的数据为止. 如果某个数据出现了 *n* 次，可先键入该数据，然后连续按 M+

键 $n$ 次；也可以键入该数据后按 $\boxed{\text{SHIFT}}$ $\boxed{,}$，键入该数据的次数 $n$，再按 $\boxed{\text{M+}}$ 健.

(4) 显示结果. 按 $\boxed{\text{SHIFT}}$ $\boxed{1}$ $\boxed{=}$，则屏幕上自动显示出这组数据的平均数；按 $\boxed{\text{SHIFT}}$ $\boxed{2}$ $\boxed{=}$，显示的是这组数据的标准差，再按 $\boxed{x^2}$ $\boxed{=}$ 键就显示方差.

(5) 退出. 运算结束后，可按 $\boxed{\text{MODE}}$ $\boxed{1}$ 退出统计状态进入计算状态；也可按 $\boxed{\text{MODE}}$ $\boxed{\text{AC/ON}}$ $\boxed{=}$ 来清除所有数据，进入下一组数据的统计工作.

例 5 中，求甲团演员的平均身高和方差，可依次按键 $\boxed{\text{MODE}}$ $\boxed{2}$ $\boxed{\text{SHIFT}}$ $\boxed{\text{AC/ON}}$ $\boxed{=}$ $\boxed{1}$ $\boxed{6}$ $\boxed{3}$ $\boxed{\text{M+}}$ $\boxed{1}$ $\boxed{6}$ $\boxed{4}$ $\boxed{\text{M+}}$ $\boxed{\text{M+}}$ $\boxed{1}$ $\boxed{6}$ $\boxed{5}$ $\boxed{\text{M+}}$ $\boxed{\text{M+}}$ $\boxed{1}$ $\boxed{6}$ $\boxed{6}$ $\boxed{\text{M+}}$ $\boxed{\text{M+}}$ $\boxed{1}$ $\boxed{6}$ $\boxed{7}$ $\boxed{\text{M+}}$ $\boxed{\text{SHIFT}}$ $\boxed{1}$ $\boxed{=}$，计算器显示的是平均数：165；按 $\boxed{\text{SHIFT}}$ $\boxed{2}$ $\boxed{=}$ 显示的是标准差：1.224744871；再按 $\boxed{x^2}$ $\boxed{=}$ 显示的是方差：1.5.

不同品牌的计算器的操作步骤会有所不同，操作时需要参阅计算器使用说明书.

我们知道，用样本估计总体是统计的基本思想，正像用样本的平均数估计总体的平均数一样. 考察总体方差时，如果所要考察的总体包含很多个体，或者考察本身带有破坏性，实际中常常用样本的方差来估计总体的方差.

现在来解决本节前面引言中提出的问题.

农科院对甲、乙两种甜玉米各用10块试验田进行试验，要通过比较甲、乙两个品种在试验田中的产量和产量的稳定性，来估计它们在这一地区的产量和产量的稳定性. 实际上这就是用样本的平均数和方差来估计总体的平均数和方差.

甲、乙两个品种在试验田中的产量组成一个样本，用计算器算得样本数据的平均数为

$$\bar{x}_{甲} = 7.537，\quad \bar{x}_{乙} = 7.515.$$

这说明在试验田中，甲、乙两种甜玉米的平均产量相差不大. 由此估计在这个地区种植这两种甜玉米，它们的平均产量相差不大.

下面来考察甲、乙两种甜玉米产量的稳定性.

用计算器算得样本数据的方差是

$$s_{甲}^2 = 0.009961，\quad s_{乙}^2 = 0.001785.$$

得出 $s_{甲}^2 > s_{乙}^2$.

由此可知，在试验田中，乙种甜玉米的产量比较稳定，

进而可以推测在这个地区种植乙种甜玉米的产量比甲种稳定.

综合考虑甲、乙两个品种的产量和产量的稳定性,可以推测这个地区更适合种植乙种甜玉米.

### 1.4.3  标准差

我们知道,方差是度量数据波动的统计量,除此之外统计中还常用极差、平均差、标准差等来度量数据的波动情况.

一组数据中最大值与最小值的差是这组数据的**极差**.在反映数据波动的各量中,它是最简单、最便于计算的一个量,但是,它仅仅反映了数据的波动范围,没有提供数据波动的其他信息,且受极端值的影响较大.

为了更好地刻画数据的波动情况,可以考虑每一个数据 $x_1, x_2, \cdots, x_n$ 与其平均数 $\bar{x}$ 的距离.

(1) 平均差.

考虑每个数据与其平均数的差的绝对值的平均数,即

$$\frac{|x_1 - \bar{x}| + |x_2 - \bar{x}| + \cdots + |x_n - \bar{x}|}{n}.$$

这个式子可以用来度量数据的波动,我们把它叫做这组数据的**平均差**.

(2) 标准差.

**标准差**是方差的算术平方根,即

$$s = \sqrt{\frac{(x_1 - \bar{x})^2 + (x_2 - \bar{x})^2 + \cdots + (x_n - \bar{x})^2}{n}}.$$

标准差的单位与原始数据的单位相同.实际中也常用它度量数据的波动情况.

## 习题 1.4

1.用条形图表示下列各组数据,计算并比较它们的平均数和方差,体会方差是怎样刻画数据波动程度的.

(1)  6 6 6 6 6 6 6;

(2)  5 5 6 6 6 7 7;

(3)  3 3 4 6 8 9 9;

(4) 3 3 3 6 9 9 9.

2. 下表是两名跳远运动员的 10 次测验成绩(单位：m)：

| 甲 | 5.85 | 5.93 | 6.07 | 5.91 | 5.99 | 6.13 | 5.98 | 6.05 | 6.00 | 6.19 |
|---|---|---|---|---|---|---|---|---|---|---|
| 乙 | 6.11 | 6.08 | 5.83 | 5.92 | 5.84 | 5.81 | 6.18 | 6.17 | 5.85 | 6.21 |

在这 10 次测验中，哪名运动员的成绩更稳定？

3. 某快餐公司的香辣鸡腿很受消费者欢迎．为了保持公司信誉，进货时，公司严把鸡腿的质量关．现有甲、乙两家农副产品加工厂到快餐公司推销鸡腿，两家鸡腿的价格相同，品质相近，快餐公司决定通过检查鸡腿的质量来确定选购哪家的鸡腿．检查人员从两家的鸡腿中各抽取 15 个鸡腿，记录它们的质量如下(单位：g)：

| 甲 | 74 | 74 | 75 | 74 | 76 | 73 | 76 | 73 | 76 | 75 | 78 | 77 | 74 | 72 | 73 |
|---|---|---|---|---|---|---|---|---|---|---|---|---|---|---|---|
| 乙 | 75 | 73 | 79 | 72 | 76 | 71 | 73 | 72 | 78 | 74 | 77 | 78 | 80 | 71 | 75 |

根据上面的数据，你认为快餐公司应该选购哪家加工厂的鸡腿？

4. 甲、乙两台机床同时生产一种零件，在 10 天内，两台机床每天的次品数分别是：

| 甲 | 0 | 1 | 0 | 2 | 2 | 0 | 3 | 1 | 2 | 4 |
|---|---|---|---|---|---|---|---|---|---|---|
| 乙 | 2 | 3 | 1 | 1 | 0 | 2 | 1 | 1 | 0 | 1 |

(1) 分别计算两组数据的平均数和方差；

(2) 从计算的结果看，在 10 天中，哪台机床出次品的平均数较小？哪台机床出次品的波动较小？

5. 甲、乙两台包装机同时包装糖果，从中各抽出 10 袋，测得它们的实际质量(单位：g)如下：

| 甲 | 501 | 506 | 508 | 508 | 497 | 508 | 506 | 508 | 507 | 499 |
|---|---|---|---|---|---|---|---|---|---|---|
| 乙 | 505 | 507 | 505 | 498 | 505 | 506 | 505 | 505 | 506 | 506 |

(1) 分别计算两组数据的平均数和方差；

(2) 哪台包装机包装的 10 袋糖果的质量比较稳定？

6. 为了考察甲、乙两种小麦的长势，分别从中抽出 10 株麦苗，测得苗高如下(单位：cm)

| 甲 | 12 | 13 | 14 | 15 | 10 | 16 | 13 | 11 | 15 | 11 |
|---|---|---|---|---|---|---|---|---|---|---|
| 乙 | 11 | 16 | 17 | 14 | 13 | 19 | 6 | 8 | 10 | 16 |

(1) 分别计算两种小麦的平均苗高;

(2) 哪种小麦的长势比较整齐?

7. 某地某个月中午 12 时的气温如下(单位：℃)：

| 22 | 31 | 25 | 13 | 18 | 23 | 13 | 28 | 30 | 22 | 20 | 20 | 27 | 17 | 28 |
|----|----|----|----|----|----|----|----|----|----|----|----|----|----|----|
| 21 | 14 | 14 | 22 | 12 | 18 | 21 | 29 | 15 | 16 | 14 | 31 | 24 | 26 | 29 |

(1) 求这个月中午 12 时的平均气温;

(2) 请以 4 为组距对数据进行分组,作出频数分布表. 再根据频数分布表计算这个月中午 12 时的平均气温,并与(1)中的结果比较,你有什么发现,谈谈你的看法.

8. 一个家具厂有甲、乙两个木料货源，下表是家具厂向两个货源订货后等待交货天数的样本数据：

| 等待天数 | | 6 | 7 | 8 | 9 | 10 | 11 | 12 | 13 | 14 |
|---------|---|---|---|---|---|----|----|----|----|----|
| 次数 | 甲 | 0 | 0 | 2 | 8 | 7 | 3 | 0 | 0 | 0 |
| | 乙 | 4 | 2 | 0 | 6 | 2 | 2 | 2 | 0 | 2 |

分别计算样本数据的平均数、平均差、方差和标准差. 根据这些计算结果,看看家具厂从哪个货源进货比较好? 为什么?

## 1.5 专业应用题

1. 已知并联电阻电路其等效电阻的求解公式为：

$$\frac{1}{R} = \frac{1}{R_1} + \frac{1}{R_2} + \frac{1}{R_3} + \frac{1}{R_4},$$

试求：当 $R_1 = R_2 = 10\ \Omega$, $R_3 = R_4 = 20\ \Omega$ 时，四个电阻并联后的等效电阻 $R$.（精确到 $0.01\ \Omega$）

2. 已知串联电容电路其等效电容 $C$ 的求解公式为：

$$\frac{1}{C} = \frac{1}{C_1} + \frac{1}{C_2} + \frac{1}{C_3},$$

试求：$C_1 = 10\ \mu F$, $C_2 = 20\ \mu F$, $C_3 = 30\ \mu F$ 时，三个电容串联后的等效电容.（精确到 $0.01\ \mu F$）

3. 已知串联电阻的等效电阻为各串联电阻值之和，并联电阻的等效电阻阻值的倒数为各分电阻阻值倒数之和，即

$$R_{\text{串}} = \sum_{i=1}^{n} R_i, \qquad \frac{1}{R_{\text{并}}} = \sum_{i=1}^{n} \frac{1}{R_i}.$$

五个电阻混联如下图所示，其中 $R_1$ 与 $R_2$ 串联，$R_3, R_4, R_5$ 并联，$R_1 = 1\ \Omega$, $R_2 = 2\ \Omega$, $R_3 = 3\ \Omega$, $R_4 = 5\ \Omega$, $R_5 = 7\ \Omega$，求总电阻（等效电阻）.（精确到 $0.01\ \Omega$）

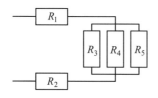

4. 试验室测得六个砂浆试块的抗压强度分别为

6.5 MPa, 7.2 MPa, 5.3 MPa, 8.0 MPa, 6.8 MPa, 7.5 MPa.

试运用公式：

$$\overline{x} = \frac{x_1 + x_2 + x_3 + \cdots + x_n}{n} = \frac{\sum\limits_{i=1}^{n} x_i}{n}$$

计算该试件的平均强度应为多少？（精确到 0.1 MPa）

5. 某试验室对 10 块混凝土试块进行抗压试验，实测数据为：

32.5 MPa, 36.8 MPa, 36.7 MPa, 33.5 MPa, 37.8 MPa,

36.0 MPa, 33.5 MPa, 34.3 MPa, 37.1 MPa, 32.9 MPa.

试运用标准差计算公式：

$$\sigma = \sqrt{\frac{(x_1 - \overline{x})^2 + (x_2 - \overline{x})^2 + \cdots + (x_n - \overline{x})^2}{n-1}}$$

计算该 10 个试块的标准差.（精确到 0.1 MPa）

# 2 常用公式

对于某些具有特殊形式的多项式乘法，我们可把结果写成公式，并加以熟记，这样遇到相同形式的多项式相乘时，就可以直接运用公式写出结果.

## 2.1 平方差公式

我们来计算$(a + b)(a - b)$.

$$(a + b)(a - b) = a^2 - ab + ab - b^2 = a^2 - b^2,$$

即

$$(a + b)(a - b) = a^2 - b^2. \qquad (2.1\text{-}1)$$

公式(2.1-1)叫做乘法的平方差公式. 这就是说，**两个数的和与两个数的差的积等于这两个数的平方差**.

**例1** 计算：$102 \times 98$.

**解** $102 \times 98 = (100 + 2)(100 - 2)$

$\qquad\qquad = 100^2 - 2^2$

$\qquad\qquad = 10000 - 4$

$\qquad\qquad = 9996.$

**例2** 运用平方差公式展开下列各式：

(1) $(3m + 2n)(3m - 2n)$；

(2) $(b + 2a)(2a - b)$；

(3) $(-\frac{1}{2}x + 2y)(-\frac{1}{2}x - 2y)$；

(4) $(-4a - 1)(4a - 1)$；

(5) $(y + 2)(y - 2) + (3 - y)(3 + y)$.

**解** (1) 原式 $= (3m)^2 - (2n)^2$

$\qquad\qquad = 9m^2 - 4n^2.$

(2) 原式 $= (2a + b)(2a - b)$

$\qquad\qquad = (2a)^2 - b^2$

$$= 4a^2 - b^2.$$

$$(3)\ 原式 = (-\frac{1}{2}x)^2 - (2y)^2$$

$$= \frac{1}{4}x^2 - 4y^2.$$

$$(4)\ 原式 = (-1-4a)(-1+4a)$$

$$= (-1)^2 - (4a)^2$$

$$= 1 - 16a^2.$$

或

$$原式 = -(4a+1)(4a-1)$$

$$= -(16a^2 - 1)$$

$$= 1 - 16a^2.$$

$$(5)\ 原式 = y^2 - 2^2 + 3^2 - y^2$$

$$= -4 + 9$$

$$= 5.$$

# 习题 2.1

1. 运用平方差公式计算.

(1) $204 \times 196$；　　　(2) $59.8 \times 60.2$；

(3) $69 \times 71$；　　　(4) $53 \times 47$.

2. 运用平方差公式展开下列各式.

(1) $(m+n)(m-n)$；　　(2) $(a+3b)(a-3b)$；

(3) $(1-5y)(1+5y)$；　　(4) $(3+2a)(-3+2a)$；

(5) $(4x-5y)(4x+5y)$；　(6) $(\frac{2}{3}x-7y)(\frac{2}{3}x+7y)$.

3. 化简下列各式.

(1) $(3x-4)(3x+4)-(2x+3)(2x-3)$；

(2) $(a+1)(a+3)-(a+2)(a-2)$；

(3) $(x-2y)(x+2y)+(2x-y)(2x+y)$；

(4) $(2y-\frac{1}{2})(2y+\frac{1}{2})+(2y-3)(2y+1)$.

## 2.2 完全平方公式

我们分别计算$(a+b)^2$, $(a-b)^2$.

$$(a+b)^2 = a^2 + ab + ab + b^2 = a^2 + 2ab + b^2,$$
$$(a-b)^2 = a^2 - ab - ab + b^2 = a^2 - 2ab + b^2,$$

因此有

$$(a+b)^2 = a^2 + 2ab + b^2. \qquad (2.2\text{-}1)$$
$$(a-b)^2 = a^2 - 2ab + b^2. \qquad (2.2\text{-}2)$$

公式 (2.2-1) 和公式 (2.2-2) 叫做乘法的完全平方公式. 这就是说，**两数和（或差）的平方，等于它们的平方和加上（或减去）它们积的 2 倍**.

**例 1** 运用完全平方公式计算.

(1) $102^2$;          (2) $199^2$.

**解** (1) $102^2 = (100+2)^2$
$$= 100^2 + 2 \times 100 \times 2 + 2^2$$
$$= 10000 + 400 + 4$$
$$= 10404.$$

(2) $199^2 = (200-1)^2$
$$= 200^2 - 2 \times 200 \times 1 + 1^2$$
$$= 40000 - 400 + 1$$
$$= 39601.$$

**例 2** 运用完全平方公式展开下列各式.

(1) $(4a-b)^2$;    (2) $(y+\frac{1}{2})^2$;      (3) $(a+b+c)^2$.

**解** (1) 原式 $= (4a)^2 - 2 \times 4ab + b^2$
$$= 16a^2 - 8ab + b^2.$$

(2) 原式 $= y^2 + 2y \times \frac{1}{2} + (\frac{1}{2})^2$
$$= y^2 + y + \frac{1}{4}.$$

(3) 原式 $= [(a+b)^2 + c]^2$
$$= (a+b)^2 + 2(a+b)c + c^2$$
$$= a^2 + 2ab + b^2 + 2ac + 2bc + c^2$$
$$= a^2 + b^2 + c^2 + 2ab + 2ac + 2bc.$$

从上例 (3) 中我们得到三个数和的平方公式：

$$(a+b+c)^2 = a^2 + b^2 + c^2 + 2ab + 2ac + 2bc.$$

$$(2.2\text{-}3)$$

**例 3**  运用公式展开下列各式:

(1) $(x + 2y - \frac{3}{2})(x - 2y + \frac{3}{2})$;

(2) $(\frac{x}{2} + 5)^2 - (\frac{x}{2} - 5)^2$.

**解**  (1) 原式 $= [x + (2y - \frac{3}{2})][x - (2y - \frac{3}{2})]$

$$= x^2 - (2y - \frac{3}{2})^2$$

$$= x^2 - (4y^2 - 6y + \frac{9}{4})$$

$$= x^2 - 4y^2 + 6y - \frac{9}{4}.$$

(2) 原式 $= \frac{x^2}{4} + 5x + 25 - (\frac{x^2}{4} - 5x + 25)$

$$= \frac{x^2}{4} + 5x + 25 - \frac{x^2}{4} + 5x - 25$$

$$= 10x$$

或

原式 $= [(\frac{x}{2} + 5) + (\frac{x}{2} - 5)][(\frac{x}{2} + 5) - (\frac{x}{2} - 5)]$

$$= x \times 10$$

$$= 10x.$$

## 习题 2.2

1. 运用完全平方公式计算.

(1) $63^2$;        (2) $895^2$;            (3) $9.98^2$.

2. 运用公式展开下列各式.

(1) $(6a + 5b)^2$;

(2) $(4x - 3y)^2$;

(3) $(-2m - 1)^2$;

(4) $(5m - n)^2$;

(5) $(a + b - c)^2$;

(6) $(x - y - z)^2$;

(7) $(a + 3b - 2)(a + 3b + 2)$;

(8) $(x + y + 1)(1 - x - y)$.

3. 化简下列各式.

(1) $(1 - y)^2 + (1 + y)^2$;

(2) $(2-x)^2-(2+x)^2$;

(3) $2(x+y)^2-2y(y+2x)$;

(4) $3(a-2b)^2-12b(a+b)$;

(5) $(x-2y)(x+2y)-(x+2y)^2$;

(6) $(3x-y)^2-(2x+y)^2+5y^2$.

# 2.3 立方和与立方差公式

我们来计算：$(a+b)(a^2-ab+b^2)$和$(a-b)(a^2+ab+b^2)$.

$$(a+b)(a^2-ab+b^2)$$
$$=a^3-a^2b+ab^2+a^2b-ab^2+b^3$$
$$=a^3+b^3,$$
$$(a-b)(a^2+ab+b^2)$$
$$=a^3+a^2b+ab^2-a^2b-ab^2-b^3$$
$$=a^3-b^3,$$

因此有

$$(a+b)(a^2-ab+b^2)=a^3+b^3. \tag{2.3-1}$$
$$(a-b)(a^2+ab+b^2)=a^3-b^3. \tag{2.3-2}$$

公式(2.3-1)、(2.3-2)分别叫做乘法的立方和、立方差公式.

**例** 运用立方和、立方差公式化简下列各式：

(1) $(a+1)(a^2-a+1)$；

(2) $(3-b)(9+3b+b^2)$；

(3) $(2a-b)(4a^2+2ab+b^2)+(2a+b)(4a^2-2ab+b^2)$；

(4) $(5m-1)(25m^2+5m+1)-(4m+1)(16m^2-4m+1)$.

**解** (1) 原式 $=a^3+1$.

(2) 原式 $=3^3-b^3$
$$=27-b^3.$$

(3) 原式 $=(2a)^3-b^3+(2a)^3+b^3$
$$=8a^3+8a^3$$
$$=16a^3.$$

(4) 原式 $=(5m)^3-1^3-[(4m)^3+1^3]$
$$=125m^3-1-64m^3-1$$
$$=61m^3-2.$$

## 习题 2.3

运用立方和（差）公式化简下列各式：

(1) $(x+2)(x^2-2x+4)$；

(2) $(2y-1)(4y^2+2y+1)$；

(3) $(4a^2+6ab+9b^2)(2a-3b)$；

(4) $(x^2+5)(x^4-5x^2+25)+(x^2-5)(x^4+5x^2+25)$.

# 3  方程与不等式

在研究许多问题时，人们经常要分析数量关系，并用字母表示未知数，以便把问题中未知数与已知数的联系用等式或不等式表示出来，然后求出未知数.

## 3.1  一元一次方程

### 3.1.1  等式的性质

**性质 1**　如果 $a = b$，那么 $a \pm c = b \pm c$.

**性质 2**　如果 $a = b$，那么 $ac = bc$；

如果 $a = b, c \neq 0$，那么 $\dfrac{a}{c} = \dfrac{b}{c}$.

### 3.1.2  解一元一次方程

含有未知数的等式叫做**方程**，使方程的两边相等的未知数的值叫做**方程的解**，求方程的解的过程叫做**解方程**. 只含有一个未知数（元），未知数的次数都是 1（次）的整式方程叫做一元一次方程.

**例 1**　解下列方程.

(1) $7x - 2.5x + 3x - 1.5x = -15 \times 4 - 6 \times 3$；

(2) $3x - 7(x - 1) = 3 - 2(x + 3)$；

(3) $3x + \dfrac{x-1}{2} = 3 - \dfrac{2x-1}{3}$.

**解**　(1) 合并同类项，得

$$6x = -78.$$

系数化为 1，得

$$x = -13.$$

(2) 去括号，得

$$3x - 7x + 7 = 3 - 2x - 6.$$

移项，得

$$3x - 7x + 2x = 3 - 6 - 7.$$

合并同类项，得

$$-2x = -10.$$

系数化为 1，得

$$x = 5.$$

(3) 去分母（方程两边同乘 6），得

$$18x + 3(x - 1) = 18 - 2(2x - 1).$$

去括号，得

$$18x + 3x - 3 = 18 - 4x + 2.$$

移项，得

$$18x + 3x + 4x = 18 + 2 + 3.$$

合并同类项，得

$$25x = 23.$$

系数化为 1，得

$$x = \frac{23}{25}.$$

**练习**  解下列方程.

(1) $5x - 2x = 9$；

(2) $7x - 4.5x = 2.5 \times 3 - 5$；

(3) $4x + 3(2x - 3) = 12 - (x + 4)$；

(4) $\dfrac{5x-1}{4} = \dfrac{3x+1}{2} - \dfrac{2-x}{3}$.

### 3.1.3  一元一次方程的应用

**例** 2  某校三年共购入计算机 140 台，去年购买数量是前年的 2 倍，今年购买数量又是去年的 2 倍，前年这个学校购买了多少台计算机？

**分析** 设前年购买计算机 $x$ 台，则去年购买计算机 $2x$ 台，今年购买计算机 $(2 \times 2x)$ 台. 问题中的等量关系为：

前年购买量 + 去年购买量 + 今年购买量 = 140 台.

**解** 设前年购买计算机 $x$ 台，则有

$$x + 2x + 4x = 140.$$

解这个方程，得 $x = 20$.

答：前年这个学校购买了 20 台计算机.

**例 3** 某工厂采取节能措施，去年下半年与上半年相比，月平均用电量减少了 2000 度，去年用电 15 万度. 这个工厂去年上半年每月平均用电多少度？

**分析** 设上半年每月平均用电 $x$ 度，则下半年每月平均用电 $(x - 2000)$ 度；上半年共用电 $6x$ 度，下半年共用电 $6(x - 2000)$ 度. 问题中的等量关系是：

上半年用电量 + 下半年用电量 = 150000.

**解** 设上半年每月平均用电 $x$ 度，则有

$$6x + 6(x - 2000) = 150000.$$

解这个方程，得 $x = 13500$.

答：这个工厂去年上半年每月平均用电 13500 度.

**例 4** 整理一批图书，由一个人做要 40 小时完成. 现在计划由一部分人先做 4 小时，再增加 2 人和他们一起做 8 小时，完成这项工作. 假设这些人的工作效率相同，具体应先安排多少人工作？

**分析** 这里可以把总工作量看作 1，人均工作效率（一个人做 1 小时完成的工作量）为 $\frac{1}{40}$. 由 $x$ 人先做 4 小时，完成的工作量为 $\frac{4x}{40}$；再增加 2 人和前一部分人一起做 8 小时，完成的工作量为 $\frac{8(x+2)}{40}$. 这项工作分两段完成，两段完成工作量之和为 $\frac{4x}{40} + \frac{8(x+2)}{40}$.

**解** 设先安排 $x$ 个人工作，则有：

$$\frac{4x}{40} + \frac{8(x+2)}{40} = 1.$$

解这个方程，得 $x = 2$.

答：应先安排 2 名工人工作.

**练习**

1. 用一根长为 60 cm 的绳子围出一个矩形，使它的长是宽的 1.5 倍，长、宽各应是多少？

2. 洗衣机厂今年计划生产三种类型的洗衣机共 25500 台，三种类型洗衣机的数量比为 1∶2∶14，这三种洗衣机计划各生产多少台？

# 习题 3.1

1. 解下列方程.

(1) $7x + 2(3x - 3) = 20$；

(2) $2(10 - 0.5y) = -(1.5y + 2)$；

(3) $\dfrac{3x + 5}{2} = \dfrac{2x - 1}{3}$；

(4) $\dfrac{3y - 1}{4} - 1 = \dfrac{5y - 7}{6}$.

2. 把一些图书分给某班学生阅读，如果每人分 3 本，则剩余 20 本；如果每人分 4 本，则还缺 25 本. 请问这个班有多少学生？

3. 某车间 22 名工人生产螺钉和螺母，每人每天平均生产螺钉 1200 个或螺母 2000 个，一个螺钉要配两个螺母. 为了使每天的产品刚好配套，应该分配多少名工人生产螺钉，多少名工人生产螺母？

4. 整理一批资料，由一人做需要 80 小时完成. 现在计划先由一些人做 2 小时，再增加 5 人做 8 小时，完成这项工作的 $\dfrac{3}{4}$. 怎么安排参与整理资料的具体人数？

5. 某乡改种玉米为优质杂粮后，今年农民人均收入比去年提高 20%，今年人均收入比去年的 1.5 倍少 1200 元. 这个乡去年的人均收入是多少元？

6. 一艘船从甲码头到乙码头顺流行驶，用了 2 个小时；从乙码头返回甲码头逆流行驶，用了 2.5 小时. 已知水流的速度是 3 千米/小时，求船在静水中的速度.

# 3.2  二元一次方程组

含有相同未知数的两个二元一次方程所组成的一组方程，叫做二元一次方程组. 二元一次方程组中各个方程的公共解，叫做这个二元一次方程组的**解**.

## 3.2.1  二元一次方程组的解法

解方程组的基本思路是**"消元"**——把"二元"变为"一元". 消元的主要方法有代入消元法和加减消元法.

### 3.2.1.1  代入消元法

将其中一个方程中的某个未知数用含有另一个未知数的代数式表示出来，再代入另一个方程中，从而消去一个未知数，化二元一次方程组为一元一次方程. 这种解二元一次方程组的方法称为**代入消元法**，简称代入法.

**例 1**  解下列方程组.

(1) $\begin{cases} 3x + 2y = 14, \cdots\cdots① \\ x = y + 3; \cdots\cdots\cdots② \end{cases}$

(2) $\begin{cases} 2x + 3y = 16, \cdots\cdots① \\ x + 4y = 13. \cdots\cdots② \end{cases}$

**解**  (1) 将②代入①，得

$$3(y + 3) + 2y = 14.$$

解这个方程，得

$$y = 1.$$

将 $y = 1$ 代入②，得

$$x = 4.$$

所以原方程组的解是 $\begin{cases} x = 4, \\ y = 1. \end{cases}$

(2) 由②，得

$$x = 13 - 4y. \cdots\cdots③$$

将③代入①，得

$$2(13 - 4y) + 3y = 16.$$

解这个方程，得

$$y = 2.$$

将 $y = 2$ 代入③，得

$$x = 5.$$

所以原方程组的解是 $\begin{cases} x = 5, \\ y = 2. \end{cases}$

**练习** 用代入法解下列方程组：

(1) $\begin{cases} y = 2x, \\ x + y = 12; \end{cases}$  (2) $\begin{cases} x = \dfrac{y-5}{2}, \\ 4x + 3y = 65; \end{cases}$

(3) $\begin{cases} 3x - 2y = 9, \\ x + 2y = 8; \end{cases}$  (4) $\begin{cases} m - \dfrac{n}{2} = 2, \\ 2m + 3n = 12. \end{cases}$

### 3.2.1.2　加减消元法

通过两方程相加（减）消去其中一个未知数，化二元一次方程组为一元一次方程. 这种解二元一次方程组的方法称为**加减消元法**，简称**加减法**.

**例 2** 解下列方程组.

(1) $\begin{cases} 3x + 5y = 21, \cdots\cdots① \\ 2x - 5y = -11; \cdots\cdots② \end{cases}$

(2) $\begin{cases} 2x - 5y = 7, \cdots\cdots① \\ 2x + 3y = -1; \cdots\cdots② \end{cases}$

(3) $\begin{cases} 2x + 3y = 12, \cdots\cdots① \\ 3x + 4y = 17. \cdots\cdots② \end{cases}$

**解** (1) ① + ②，得

$$5x = 10.$$

所以

$$x = 2.$$

将 $x = 2$ 代入①，得

$$6 + 5y = 21.$$

所以

$$y = 3.$$

所以原方程组的解是 $\begin{cases} x = 2, \\ y = 3. \end{cases}$

(2) ②-①，得

$$8y = -8.$$

所以

$$y = -1.$$

将 $y = -1$ 代入①，得

$$2x + 5 = 7.$$

所以

$$x = 1.$$

所以原方程组的解是 $\begin{cases} x = 1, \\ y = -1. \end{cases}$

(3) ①×3，②×2，得

$$\begin{cases} 6x + 9y = 36,\cdots\cdots③ \\ 6x + 8y = 34.\cdots\cdots④ \end{cases}$$

③-④，得

$$y = 2.$$

将 $y = 2$ 代入①，得

$$x = 3.$$

所以原方程组的解是 $\begin{cases} x = 3, \\ y = 2. \end{cases}$

**练习**　用加减法解下列方程组.

(1) $\begin{cases} 7x - 2y = 3, \\ 9x + 2y = -19; \end{cases}$　　(2) $\begin{cases} 6x - 5y = 3, \\ 6x + y = -15; \end{cases}$

(3) $\begin{cases} 4s + 3t = 5, \\ 2s - t = -5; \end{cases}$　　(4) $\begin{cases} 5x - 6y = 9, \\ 7x - 4y = -5. \end{cases}$

## 3.2.2　二元一次方程的应用

**例 3**　篮球联赛中，每场比赛都要分出胜负，每队胜 1 场得 2 分，负 1 场得 1 分. 某队在全部 22 场比赛中得到 40 分，那么这个队胜负场数应分别为多少？

**分析**　上面的问题包含了哪些是必须同时满足的条件？设胜的场数是 $x$，负的场数是 $y$，题中包含两个必须同时满足的条件：

胜的场数+负的场数 = 总场数,

胜场积分+负场积分 = 总积分.

这两个条件可以用以下两个方程来表示:

$$x + y = 22,$$
$$2x + y = 40.$$

**解** 设胜的场数是 $x$,负的场数是 $y$,可得方程组:

$$\begin{cases} x + y = 22, \\ 2x + y = 40. \end{cases}$$

解这个方程组得

$$\begin{cases} x = 18, \\ y = 4. \end{cases}$$

答:那么这个队胜负场数应分别为 18 场和 4 场.

**例4** 2 台大收割机和 5 台小收割机均工作 2 小时,共收割小麦 3.6 公顷;3 台大收割机和 2 台小收割机均工作 5 小时,共收割小麦 8 公顷. 那么 1 台大收割机和 1 台小收割机每小时各收割小麦多少公顷?

**分析** 如果 1 台大收割机和 1 台小收割机每小时各收割小麦 $x$ 公顷和 $y$ 公顷,那么 2 台大收割机和 5 台小收割机均工作 1 小时共收割小麦$(2x + 5y)$公顷,3 台大收割机和 2 台小收割机均工作 1 小时共收割小麦$(3x + 2y)$公顷,由此考虑两种情况下的工作量.

**解** 设 1 台大收割机和 1 台小收割机每小时各收割小麦 $x$ 公顷和 $y$ 公顷,根据两种工作方式中的相等关系,得方程组:

$$\begin{cases} 2(2x + 5y) = 3.6, \\ 5(3x + 2y) = 8. \end{cases}$$

解这个方程组得

$$\begin{cases} x = 0.4, \\ y = 0.2. \end{cases}$$

答:1 台大收割机和 1 台小收割机每小时各收割小麦 0.4 公顷和 0.2 公顷.

## 习题 3.2

1. 解下列方程组：

(1) $\begin{cases} y = x + 3, \\ 7x + 5y = 9; \end{cases}$　　　　(2) $\begin{cases} 2x + 5y = 8, \\ 3x + 2y = 5; \end{cases}$

(3) $\begin{cases} x + 2y = 9, \\ 3x - 2y = -1; \end{cases}$　　　　(4) $\begin{cases} 3x + 4y = 16, \\ 5x - 6y = 33. \end{cases}$

2. 某班去看演出，甲种票每张 24 元，乙种票每张 18 元，如果 35 名同学购票刚好用去 750 元，那么甲、乙两种票各买了多少张？

3. 某工厂去年的利润（总产值 – 总支出）为 200 万元. 今年总产值比去年增加了 20%，总支出减少了 10%，今年的利润为 780 万，那么去年的总产值、总支出各是多少万元？

4. 一条船顺流航行，每小时行 20 km；逆流航行，每小时 16 km，求轮船在静水中的速度与水的流速.

5. $A, B$ 两地相距 80 km，一艘船从 $A$ 出发顺水航行 4 小时到 $B$，而从 $B$ 出发逆水航行 5 小时到 $A$，求船在静水中的速度和水流速度.

6. 根据市场调查，某种消毒液的大瓶装（500 g）和小瓶装（250 g）两种产品的销售数量（按瓶计算）比为 2∶5，某厂每天生产这种消毒液 22.5 t，这些消毒液应该分装大、小瓶两种产品各多少瓶？

# 3.3 一元二次方程

只含有一个未知数，且未知数的最高次数是 2 次的整式方程叫做一元二次方程. 所有的一元二次方程都可以化为

$$ax^2 + bx + c = 0 \ (a, b, c \ 为常数，a \neq 0)$$

的形式，我们把这种形式称为一元二次方程的一般形式，其中 $ax^2, bx, c$ 分别称为二次项、一次项和常数项，$a, b$ 称为二次项系数和一次项系数.

## 3.3.1 一元二次方程的解法

解一元二次方程的基本思路是"降次"——把"二次"变为"一次". 配方法、因式分解法是解一元二次方程的主要方法.

### 3.3.1.1 配方法

一元二次方程 $ax^2 + bx + c = 0 \ (a, b, c \ 为常数, a \neq 0)$配成完全平方式：

$$a\left(x + \frac{b}{2a}\right)^2 = \frac{b^2 - 4ac}{4a}.$$

方程两边同时开方，得到两个一次方程，从而将一元二次方程化为一元一次方程求解.

**例 1** 解下列方程.

(1) $x^2 = 5$；　　　　　　(2) $(x + 1)^2 = 5$；

(3) $x^2 + 8x - 9 = 0$；　　　　(4) $2x^2 - 6x - 9 = 0$.

**解**　(1) 方程两边开平方，得

$$x = \pm\sqrt{5}.$$

所以方程的解为 $x_1 = \sqrt{5}$，$x_2 = -\sqrt{5}$.

(2) 方程两边开平方，得

$$x + 1 = \pm\sqrt{5}.$$

所以方程的解为 $x_1 = \sqrt{5} - 1$，$x_2 = -\sqrt{5} - 1$.

(3) 把常数项移到方程的右边，得

$$x^2 + 8x = 9.$$

两边都加上 $4^2$（一次项系数 8 的一半的平方），得

$$x^2 + 8x + 4^2 = 9 + 4^2.$$

配成完全平方，得

$$(x + 4)^2 = 25.$$

两边开平方，得

$$x + 4 = \pm 5.$$

所以方程的解为 $x_1 = 1$，$x_2 = -9$.

(4) 方程两边同除以 2，得

$$x^2 - 3x - \frac{9}{2} = 0.$$

把常数项移到方程的右边，得

$$x^2 - 3x = \frac{9}{2}.$$

两边都加上 $(-\frac{3}{2})^2$，得

$$x^2 - 3x + (-\frac{3}{2})^2 = \frac{9}{2} + (-\frac{3}{2})^2.$$

配成完全平方，得

$$(x - \frac{3}{2})^2 = \frac{27}{4}.$$

两边开平方，得

$$x - \frac{3}{2} = \pm \frac{3\sqrt{3}}{2}.$$

所以方程的解为 $x_1 = \frac{3 - 3\sqrt{3}}{2}$，$x_2 = \frac{3 - 3\sqrt{3}}{2}$.

在例 1 中，我们通过配成完全平方式的方法得到了一元二次方程的根，这种解一元二次方程的方法称为**配方法**.

**配方法的口诀**：二次系数化为一，常数要往右边移，一次系数一半方，两边加上最相当.

**练习** 用配方法解下列方程.

(1) $x^2 - 4 = 0$；          (2) $x^2 - 24 = 1$；

(3) $x^2 - 3x - 4 = 0$；     (4) $2x^2 + 8x - 3 = 0$.

### 3.3.1.2 因式分解法

**因式分解法**是将一元二次方程 $ax^2 + bx + c = 0(a, b, c$ 为

常数，$a \neq 0$)的左边化为两个因式的乘积，两个因式的积等于 0，其中至少有一个因式等于 0，从而将一元二次方程化为两个一次方程来求解.

因式分解的方法有：提公因式法、十字相乘法等.

**例 2** 解下列方程.

(1) $5x^2 = 4x$;　　　　　(2) $x - 2 = x(x - 2)$;

(3) $x^2 + 5x - 6 = 0$.

**解**　(1) 原方程变形为

$$5x^2 - 4x = 0.$$

提取公因式，得

$$x(5x - 4) = 0.$$

当 $x = 0$，或 $5x - 4 = 0$ 时，均有 $x(5x - 4) = 0$. 所以方程的解为

$$x_1 = 0, \ x_2 = \frac{4}{5}.$$

(2) 原方程变形为

$$x - 2 - x(x - 2) = 0.$$

提取公因式，得

$$(x - 2)(1 - x) = 0.$$

由 $x - 2 = 0$ 或 $1 - x = 0$ 得

$$x = 2 \ 或 \ x = 1.$$

所以方程的解为 $x_1 = 2$，$x_2 = 1$.

(3) 原方程左边用"十字相乘"变形为

$$(x + 6)(x - 1) = 0.$$

由 $x + 6 = 0$ 或 $x - 1 = 0$ 得

$$x = -6 \ 或 \ x = 1.$$

所以方程的解为 $x_1 = -6$，$x_2 = 1$.

**练习**　用因式分解法解下列方程.

(1) $(5x + 7)(4x - 1) = 0$;

(2) $4x(2x + 1) = 3(2x + 1)$;

(3) $x^2 + 7x + 12 = 0$;

(4) $2x^2 - 7x + 3 = 0$.

### 3.3.1.3　公式法

一般地，对于一元二次方程 $ax^2 + bx + c = 0(a \neq 0)$，当 $b^2 - 4ac \geqslant 0$ 时，可用求根公式

$$x = \frac{-b \pm \sqrt{b^2 - 4ac}}{2a}$$

求解. 用求根公式解一元二次方程的方法称为**公式法**.

**注意**：用公式法求解二元一次方程时，可首先通过**判别式** $\Delta = b^2 - 4ac$ 来判断一元二次方程的根的状况.

当 $\Delta = b^2 - 4ac < 0$ 时，$x$ 无实数根；

当 $\Delta = b^2 - 4ac = 0$ 时，$x$ 有两个相同的实数根：$x_{1,2} = -\dfrac{b}{2a}$；

当 $\Delta = b^2 - 4ac > 0$ 时，$x$ 有两个不相同的实数根：

$x_1 = \dfrac{-b + \sqrt{b^2 - 4ac}}{2a}$，　$x_2 = \dfrac{-b - \sqrt{b^2 - 4ac}}{2a}$.

**例 3**　解方程：$x^2 - 7x - 18 = 0$.

**解**　$a = 1$，$b = -7$，$c = -18$. 因为

$$b^2 - 4ac = (-7)^2 - 4 \times 1 \times (-18) = 121 > 0,$$

所以

$$x = \frac{7 \pm \sqrt{121}}{2 \times 1} = \frac{7 \pm 11}{2}.$$

所以方程的解为 $x_1 = 9$，$x_2 = -2$.

**练习**　用公式法解下列方程：

(1) $2x^2 - 9x + 8 = 0$；　　(2) $9x^2 + 6x + 1 = 0$；

(3) $4x^2 + 8x = 3$；　　　　(4) $x^2 + 2x + 3 = 0$.

## 3.3.2　一元二次方程组的应用

**例 4**　一个长为 10 m 的梯子斜靠在墙上，梯子的顶端距地面 8 m. 如果梯子的顶端下滑 1 m，那么梯子的底端滑动多少米（精确到 0.1 m）？

**分析**　由勾股定理可知，滑动前梯子的底端距墙 $\sqrt{10^2 - 8^2} = 6$ m. 如果设梯子底端滑动 $x$(m)，那么滑动后梯子底端距墙 $(6 + x)$ m，而梯子的长度是不变的，可列出方程.

**解**　设梯子底端滑动 $x$(m)，根据题意，可得方程：

$$(\sqrt{10^2-8^2}+x)^2+(8-1)^2=10^2.$$

解这个方程，得 $x_1=\sqrt{51}-6\approx1.1$，$x_2=-\sqrt{51}-6$ (舍去).

答：梯子的底端滑动约 1.1 米.

**例 5**　某商场销售一种冰箱，每台进价为 2500 元. 市场调研表明：当销售价为 2900 元时，平均每天能售出 8 台；而当销售价每降低 50 元时，平均每天就能多售出 4 台. 商场想使这种冰箱的销售利润平均每天达到 5000 元，每台冰箱定价应为多少元？

**分析**　本题的主要等量关系是：

每台冰箱的销售利润×平均每天销售冰箱的数量 = 5000 元.

如果设每台冰箱降价 $x$ 元，那么每台冰箱的定价就是 $(2900-x)$元，每台冰箱的利润为 $[(2900-x)-2500]$元，平均每天销售冰箱的数量为 $(8+4\times\dfrac{x}{50})$台.

**解**　设每台冰箱降价 $x$ 元，根据题意，得

$$(2900-x-2500)(8+4\times\frac{x}{50})=5000.$$

解这个方程，得 $x_1=x_2=150$. 所以

$$2900-150=2750.$$

答：每台冰箱应定价 2750 元.

# 习题 3.3

1. 解下列方程：

(1) $x^2+12x+25=0$;　　　(2) $x^2+4x=10$;

(3) $x^2-3x+1=0$;　　　(4) $2x^2+6=7x$;

(5) $5x+2=3x^2$;　　　(6) $x^2=x+56$;

(7) $x^2+12x+27=0$;　　　(8) $x(5x+4)=5x+4$.

2. 一个球以 15 m/s 的初速度竖直向上弹出，它在空中的高度 $h$(m)与时间 $t$(s)满足关系式：$h=15t-5t^2$，那么小球何时能达到 10 m 高？

3. 一幅长 90 cm，宽 40 cm 的风景画，四周外围镶上一条宽度相同的金色纸边，制成一幅挂图. 如果要求风景画的面积是整个图面积的 72%，那么金色纸边的宽应该是多少？

4. 某种服装，平均每天可销售 20 件，每件盈利 44 元.

若每件降价 1 元, 则每天可多售 5 件; 如果每天要盈利 1600 元, 每件应降价多少元?

5. 甲公司前年缴税 40 万, 今年缴税 48.4 万, 该公司缴税的年平均增长率为多少?

6. 某商店 4 月份销售额为 50 万元, 第二季度的总销售额为 182 万元, 若每个月的销售额增长率相同, 求月平均增长率.

# 3.4 集 合

## 3.4.1 集合的概念及表示法

### 3.4.1.1 集合的概念

一般地，某些指定的对象集在一起就成为一个**集合**，也简称**集**，集合中的每个对象叫做这个集合的**元素**. 一般用大写字母 $A, B, C$ 等表示集合，用小写字母 $a, b, c$ 等表示元素. 如果 $a$ 是集合 $A$ 的元素，就说 $a$ **属于** $A$，记作 $a \in A$；如果 $a$ 不是集合 $A$ 的元素，就说 $a$ **不属于** $A$，记作 $a \notin A$.

集合中元素的**特性**：

(1) **确定性**：集合中的元素必须是确定的.

(2) **互异性**：集合中的元素必须是互不相同的.

(3) **无序性**：集合中的元素是没有顺序的.

**例 1** 以下各题中哪道题不能形成集合？

(1) 正方形的全体；

(2) A 校所有机电专业的学生；

(3) B 班所有高个子学生；

(4) 所有的偶数.

**解** (3)"B 班所有高个子学生"不能形成集合，因为"高个子"没有明确的定义，不具备明确性.

### 3.4.1.2 常用数集

全体非负整数的集合简称**非负整数集**（或**自然数集**），记作 **N**，非负整数集内排除 0 的集，也称**正整数集**，表示成 **N\***或 **N$_+$**；

全体整数的集合简称**整数集**，记作 **Z**；

全体有理数的集合简称**有理数集**，记作 **Q**；

全体实数的集合简称**实数集**，记作 **R**.

**例 2** 用符号"$\in$"或"$\notin$"填空：

(1) 0____**N**；　　(2) 0____**N$_+$**；　　(3) 0____**Z**；

(4) $\sqrt{2}$ ____**Z**；　(5) 5____**R**；　　(6) $\dfrac{2}{3}$ ____**Q**；

(7) $\sqrt{3}$ ____**R**；　(8) $-\dfrac{1}{2}$ ____**Q**.

**解** (1) $0 \in$ **N**；　　(2) $0 \notin$ **N$_+$**；　　(3) $0 \in$ **Z**；

(4) $\sqrt{2} \notin \mathbf{Z}$;　　(5) $5 \in \mathbf{R}$;　　(6) $\dfrac{2}{3} \in \mathbf{Q}$;

(7) $\sqrt{3} \in \mathbf{R}$;　　(8) $-\dfrac{1}{2} \in \mathbf{Q}$.

**练习**

1. 说出下面集合中的元素.

(1) {大于 3 小于 11 的偶数};

(2) {平方等于 1 的数}.

2. 用符号"$\in$"或"$\notin$"填空:

(1) $-3$____$\mathbf{N}$;　　(2) $3.14$____$\mathbf{Q}$;　　(3) $\dfrac{1}{3}$____$\mathbf{Z}$;

(4) $\sqrt{2}$____$\mathbf{R}$;　　(5) $-\dfrac{1}{2}$____$\mathbf{R}$;　　(6) $-3.1$____$\mathbf{Z}_-$;

(7) $0$____$\mathbf{R}_+$;　　(8) $\pi$____$\mathbf{R}$;

(9) $1.5$____$\mathbf{Z}_+$;　　(10) $\pi$____$\mathbf{Q}$.

### 3.4.1.3　集合的表示法

(1) 列举法.

把集合中所有的元素——列举出来,彼此之间用逗号分开,写在一个大括号内,这种表示集合的方法叫做**列举法**.

例如,方程 $x^2-1=0$ 的所有解组成的集合,可以表示为

$$\{-1, 1\}.$$

集合 $\{-1, 1\}$ 的元素有两个,我们把含有有限个元素的集合叫做**有限集**.

一般地,列举法适用于元素不太多的情况,但如果元素较多,在不发生误解的情况下,也可以列出部分元素作为代表,其他元素用省略号表示.例如,自然数集用列举法可以表示为

$$\{0, 1, 2, 3, \cdots\}.$$

(2) 描述法.

把集合中元素的公共属性描述出来,写在一个大括号内,这种表示集合的方法叫做**描述法**.

例如,不等式 $x-3>2$ 的解集用描述法可以表示为

$$\{x\,|\,x-3>2\}.$$

集合 $\{x\,|\,x-3>2\}$ 的元素有无限个.我们把含有无限个元素的集合叫做**无限集**.

再看一个例子. 方程 $x^2 + 1 = 0$ 的所有解实数组成的集合可表示为

$$\{x \mid x^2 + 1 = 0\}.$$

这个集合中没有元素. 我们把不含任何元素的集合叫做空集，记作 $\varnothing$.

**练习** 用适当的方法表示下列集合，然后说出它们是 有限集还是无限集：

(1) 由大于 10 的所有自然数组成的集合；

(2) 方程 $x^2 - 4 = 0$ 的解组成的集合；

(3) 所有偶数组成的集合；

(4) 不等式 $4x - 6 < 5$ 的解集.

## 3.4.2 集合的关系与运算

### 3.4.2.1 集合之间的关系

集合与集合之间，存在着"包含"与"相等"的关系.

(1) 子集.

一般地，对于两个集合 $A$ 与 $B$，如果集合 $A$ 的任何一个元素都是集合 $B$ 的元素，那么集合 $A$ 叫做集合 $B$ 的**子集**，记作

$$A \subseteq B \text{ 或 } B \supseteq A,$$

读做"$A$ 包含于 $B$"，或"$B$ 包含 $A$"；当集合 $A$ 不包含于集合 $B$（或集合 $B$ 不包含集合 $A$）时，记作

$$A \subsetneqq B (\text{或 } B \not\supseteq A).$$

例如，集合 $A = \{1,2,3\}$，$B = \{1,2\}$，$C = \{3,4\}$ 中，$B \subsetneqq A$，$C \subsetneqq A$.

我们规定：**空集是任何集合的子集**. 也就是说，对任何一个集合 $A$，都有 $\varnothing \subseteq A$.

(2) 真子集.

如果集合 $A$ 是集合 $B$ 的子集，并且集合 $B$ 中至少有一个元素不属于集合 $A$，那么集合 $A$ 叫做集合 $B$ 的**真子集**，记作

$$A \subset B \text{ 或 } B \supset A.$$

例如，$\{a,b\} \subset \{a,b,c\}$.

(3) 集合相等.

一般地，对于两个集合 $A$ 和 $B$，如果集合 $A$ 的任何一个元素都是集合 $B$ 的元素，同时集合 $B$ 的任何一个元素都是集合 $A$ 的元素，我们就说集合 $A$ 等于集合 $B$，记作

$$A = B.$$

由集合的"包含"与"相等"的关系，可以得出结论：

**任何一个集合是它本身的子集.**

**空集是任何非空集合的真子集.**

**例 3** 写出集合 $\{a, b\}$ 的所有子集，并指出其中哪些是真子集.

**解** 集合 $\{a, b\}$ 的所有子集是

$$\varnothing, \{a\}, \{b\}, \{a, b\},$$

其中 $\varnothing, \{a\}, \{b\}$ 是 $\{a, b\}$ 的真子集.

#### 3.4.2.2 集合的运算

(1) 交集.

一般地，由既属于集合 $A$ 又属于集合 $B$ 的所有元素组成的集合，叫做 $A$ 与 $B$ 的**交集**（见图 3.4-1a），记作 $A \bigcap B$，读作 $A$ 交 $B$，即

$$A \bigcap B = \{x | x \in A \text{ 且 } x \in B\}.$$

根据交集的定义，对于任意两个集合 $A, B$ 都有：

(1) $A \bigcap A = A$.

(2) $A \bigcap \varnothing = \varnothing$.

(3) $A \bigcap B = B \bigcap A$.

(4) 如果 $A \subseteq B$，那么 $A \bigcap B = A$.

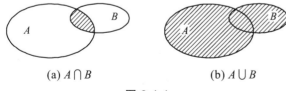

(a) $A \bigcap B$        (b) $A \bigcup B$

图 3.4-1

(2) 并集.

一般地，由属于集合 $A$ 或属于集合 $B$ 的所有元素组成的集合，叫做 $A$ 与 $B$ 的**并集**（见图 3.4-1b），记作 $A \bigcup B$（读作 $A$ 并 $B$），即

$$A \cup B = \{x | x \in A \text{ 或 } x \in B\}.$$

根据并集的定义, 对于任意两个集合 $A, B$ 都有:

(1) $A \cup A = A$.

(2) $A \cup \varnothing = A$.

(3) $A \cup B = B \cup A$.

(4) 如果 $A \subseteq B$, 那么 $A \cup B = B$.

**例 4** 已知集合 $A$ 和集合 $B$, 求 $A \cap B$, $A \cup B$.

(1) $A = \{4, 5, 6, 8\}$, $B = \{3, 5, 7, 8\}$;

(2) $A = \{x | x > -2\}$, $B = \{x | x < 3\}$.

**解** (1) $A \cap B = \{5, 8\}$;

$\qquad A \cup B = \{3, 4, 5, 6, 7, 8\}$.

(2) $A \cap B = \{x | -2 < x < 3\}$;

$\qquad A \cup B = \mathbf{R}$.

**练习**

已知集合 $A$ 和集合 $B$, 求 $A \cap B$, $A \cup B$.

(1) $A = \{3, 5, 6, 8\}$, $B = \{4, 5, 7, 8\}$;

(2) $A = \{x | x \geq 0\}$, $B = \{x | x < 5\}$.

# 习题 3.4

1. 用适当的符号($\in$, $\notin$, $=$, $\subseteq$, $\supseteq$, $\subsetneqq$)填空:

(1) $a$___$\{a\}$;   (2) $a$___$\{a, b, c\}$;

(3) $d$___$\{a, b, c\}$;   (4) $\{a\}$___$\{a, b, c\}$;

(5) $\{a, b\}$___$\{b, a\}$;   (6) $\{3, 5\}$___$\{1, 3, 5, 7\}$;

(7) $\varnothing$___$\{1, 2, 3\}$;   (8) $A \cap B$___$A$;

(9) $A \cup B$___$A$;   (10) $A \cap B$___$A \cup B$;

(11) $0$___$\varnothing$;   (12) $\{0\}$___$\varnothing$.

2. 已知集合 $A$ 和集合 $B$, 求 $A \cap B$, $A \cup B$.

(1) $A = \{1, 2, 3, 4, 5, 6, 7, 8\}$, $B = \{0, 2, 4, 6, 8\}$;

(2) $A = \{x | x > 5\}$, $B = \{x | x > -1\}$;

(3) $A = \{x | x \leq 3\}$, $B = \{x | x < 1\}$;

(4) $A = \{x | x \leq -3\}$, $B = \{x | x \geq -10\}$;

(5) $A = \{x | x \leq 0\}$, $B = \{x | x > 4\}$.

3. 已知 $A$ 为奇数集, $B$ 为偶数集, 求 $A \cap B$, $A \cup B$, $A \cap \mathbf{Z}$, $B \cap \mathbf{Z}$, $A \cup \mathbf{Z}$, $B \cup \mathbf{Z}$.

4. 写出集合 $\{c, d, e\}$ 的所有子集和真子集.

# 3.5 一元一次不等式

## 3.5.1 不等式的性质

用不等号将两个解析式连结起来所成的式子叫做**不等式**. 使不等式成立的未知数的值, 叫做**不等式的解**. 不等式的所有解, 组成这个不等式的**解集**. 求不等式解集的过程叫做**解不等式**.

**性质 1** 不等式两边加上 ( 或减去 ) 同一个数 ( 或式子 ), 不等号的方向不变. 即

如果 $a > b$, 那么 $a \pm c > b \pm c$.

**性质 2** 不等式两边乘 ( 或除 ) 以同一个正数, 不等号的方向不变. 即

如果 $a > b$, $c > 0$, 那么 $ac > bc$ ( 或 $\dfrac{a}{c} > \dfrac{b}{c}$ ).

**性质 3** 不等式两边乘 ( 或除 ) 以同一个负数, 不等号的方向改变. 即

如果 $a > b$, $c < 0$, 那么 $ac < bc$ ( 或 $\dfrac{a}{c} < \dfrac{b}{c}$ ).

**练习** 用不等式表示.

(1) $a$ 是正数;      (2) $a$ 是负数;

(3) $a$ 与 5 的和小于 7;      (4) $a$ 与 2 的差大于 $-1$;

(5) $a$ 的 4 倍大于 8;      (6) $a$ 的一半小于 3.

## 3.5.2 一元一次不等式

只含有一个未知数, 并且未知数的次数是 1 的整式不等式叫做**一元一次不等式**.

**例 1** 解下列不等式.

(1) $-4x > 3$;      (2) $3 - x < 2x + 6$;

(3) $2(4x + 3) > 3(2x + 1)$;      (4) $\dfrac{x-2}{2} \geqslant \dfrac{7-x}{3}$.

**解** (1) 不等式两边都除以 $-4$, 得

$$x < -\frac{3}{4}.$$

(2) 移项, 得

$$-x - 2x < 6 - 3.$$

合并同类项，得

$$-3x < 3.$$

两边同时除以 $-3$，得

$$x > -1.$$

（3）去括号，得

$$8x + 6 > 6x + 3.$$

移项、合并同类项，得

$$2x > -3.$$

两边同时除以 2，得

$$x > -\frac{3}{2}.$$

（4）去分母，得

$$3(x - 2) \geq 2(7 - x).$$

去括号，得

$$3x - 6 \geq 14 - 2x.$$

移项、合并同类项，得

$$5x \geq 20.$$

两边同时除以 5，得

$$x \geq 4.$$

**注意：** 解不等式最后一步将"未知数的系数化为 1"，要注意未知数系数的正负，以决定是否改变不等号的方向.

**练习** 解下列不等式.

(1) $x + 3 > -1$；　　　　(2) $6 < 5x - 7$；

(3) $-\frac{1}{3}x < \frac{2}{3}$；　　　　(4) $4x > -12$.

**例 2** 一次环保知识竞赛共有 25 道题，规定：答对一道题得 4 分，答错一道题或不答扣 1 分. 在这次竞赛中，小明被评为优秀（85 或 85 分以上），问小明至少答对了几道题？

**解** 设小明答对了 $x$ 道题，则他答错或不答的题共有 $(25 - x)$ 道. 根据题意，得

$$4x - 1 \times (25 - x) \geqslant 85.$$

解这个不等式，得 $x \geqslant 22$.

答：小明至少答对 22 道题.

**例 3**　一辆匀速行驶的汽车在 11:20 时距离 A 地 50 千米，要在 12:00 之前驶过 A 地，车速应满足什么条件？

**解**　设汽车的速度为 $x$ 千米/小时，汽车要在 12:00 之前驶过 A 地，则 40 分钟内所行驶的路程要超过 50 千米，即

$$\frac{40}{60}x > 50.$$

解这个不等式，得 $x > 75$.

答：车速要大于 75 千米/小时，才能在 12:00 之前驶过 A 地.

## 习题 3.5

1. 解下列不等式.

(1) $\dfrac{x}{2} - \dfrac{x}{3} < 1$;　　　　(2) $\dfrac{x}{5} \geqslant 3 + \dfrac{x-2}{2}$;

(3) $2(1 - 3x) > 3x + 20$;　　(4) $\dfrac{1-2x}{3} \geqslant \dfrac{4-3x}{6}$.

2. 一罐饮料净重约 300 g，罐上注有"蛋白质含量 $\geqslant$ 0.6%"，其中蛋白质的含量至少为多少克？

3. 一部电梯最大负荷为 1000 kg，有 12 人共携带 40 kg 的东西乘电梯，他们的平均体重 $x$ 应满足什么条件？

4. 2013 年北京空气质量良好（二级以上）的天数与全年天数之比约为 35%，如果到 2020 年这样的比值要超过 70%，那么 2020 年空气质量良好的天数要比 2013 年至少增加多少天？

5. 高速公路施工需要爆破，根据现场实际情况，操作人员点燃导火线后，要在炸药爆破前跑到 400 m 外的安全区域. 已知导火索燃烧速度是 1.2 cm/s，人跑步的速度是 5 m/s，问导火索至少需要多长？

# 3.6 一元一次不等式组

## 3.6.1 一元一次不等式组的解法

含有相同未知数的几个一元一次不等式合在一起,就组成一个一元一次**不等式组**. 一元一次不等式组中各个不等式的解集的公共部分,叫做这个一元一次不等式组的**解集**. 求不等式组解集的过程,叫做**解不等式组**.

解一元一次不等式组的**步骤**:

(1) 求出各个不等式的解;

(2) 把各不等式的解在数轴上表示出来;

(3) 找出各不等式解的公共部分.

一般情况下,两个一元一次不等式组成的不等式组的解有四种情况,如表 3.6-1 所示.

表 3.6-1

| 不等式组 $(a<b)$ | 数轴 | 解集 |
|---|---|---|
| $\begin{cases} x>a \\ x>b \end{cases}$ | | $x>b$ |
| $\begin{cases} x>a \\ x<b \end{cases}$ | | $a<x<b$ |
| $\begin{cases} x<a \\ x>b \end{cases}$ | | 无解 |
| $\begin{cases} x<a \\ x<b \end{cases}$ | | $x<a$ |

解不等式组的口诀:*同大取大,同小取小,大小小大中间夹,小小大大无解答*.

**例 1** 解下列不等式组:

(1) $\begin{cases} 2x-5>-x, & \text{①} \\ \dfrac{1}{2}x<3; & \text{②} \end{cases}$

(2) $\begin{cases} 3x-2<x+1, & \text{①} \\ x+5>4x+1; & \text{②} \end{cases}$

(3) $\begin{cases} 5x-2>3(x+1), & \text{①} \\ \dfrac{1}{2}x \geqslant 7-\dfrac{3}{2}x; & \text{②} \end{cases}$

(4) $\begin{cases} 1-2x>4-x, & \cdots\cdots① \\ 3x-4>3; & \cdots\cdots② \end{cases}$

(5) $\begin{cases} 3x+4>0, & \cdots\cdots① \\ 2x+1<3, & \cdots\cdots② \\ 2x-5\leqslant 3x+4. & \cdots\cdots③ \end{cases}$

**解** (1) 解不等式①，得

$$x>\frac{5}{3}.$$

解不等式②，得

$$x<6.$$

所以不等式组的解集为

$$\frac{5}{3}<x<6.$$

(2) 解不等式①，得

$$x<\frac{3}{2}.$$

解不等式②，得

$$x<\frac{4}{3}.$$

所以不等式组的解集为

$$x<\frac{4}{3}.$$

(3) 解不等式①，得

$$x>\frac{5}{2}.$$

解不等式②，得

$$x\geqslant\frac{7}{2}.$$

所以不等式组的解集为

$$x\geqslant\frac{7}{2}.$$

(4) 解不等式①，得

$$x < -3.$$

解不等式②，得

$$x > \frac{7}{3}.$$

所以不等式组无解.

(5) 解不等式①，得

$$x > -\frac{4}{3}.$$

解不等式②，得

$$x < 1.$$

解不等式③，得

$$x \geqslant -9.$$

所以不等式组的解为

$$-\frac{4}{3} < x < 1.$$

**练习** 解下列不等式组：

(1) $\begin{cases} 2x-1 > x+1, \\ x+8 < 4x-1; \end{cases}$　　(2) $\begin{cases} 2x+3 > x+11, \\ -1 < 2-x; \end{cases}$

(3) $\begin{cases} 3x-1 \leqslant x-2, \\ -3x+4 > x-2; \end{cases}$　　(4) $\begin{cases} 5x-4 \leqslant 2x+5, \\ 7+2x \leqslant 6+3x; \end{cases}$

(5) $\begin{cases} 2x-1 > 0, \\ x+2 > 0, \\ 3-4x < 0. \end{cases}$

## 3.6.2　一元一次不等式组的应用

**例2**　现有两根木条 $a$ 与 $b$，$a$ 长 10 cm，$b$ 长 3 cm，如果再找一根木条 $c$，用这三根木条钉成一个三角形木框，那么对木条 $c$ 的长度有什么要求？

**解**　根据题意，得

$$\begin{cases} c < 10+3, \\ c > 10-3. \end{cases}$$

解这个不等式组，得 $7 < x < 13$.

答：木条 $c$ 的长度应该大于 7 cm 小于 13 cm.

例 3 甲以 5 km/h 的速度骑车进行体育锻炼，2 h 后，乙骑车从同地出发沿同一条路追赶甲. 根据他们两人的约定，乙最早不早于 1 h，最晚不晚于 1 h15 min 追上甲. 问乙骑车的速度应当控制在什么范围内？

解 设乙骑车的速度为 $x$ km/h，1 h15 min $= \dfrac{5}{4}$ h，根据题意，得

$$\begin{cases} 1 \times x \leqslant 2 \times 5 + 1 \times 5, \\ \dfrac{5}{4} x \geqslant 2 \times 5 + \dfrac{5}{4} \times 5. \end{cases}$$

解这个不等式组，得 $13 \leqslant x \leqslant 15$.

答：乙骑车的速度就应控制在 13 km/h 到 15 km/h 范围内.

## 习题 3.6

1. 解下列不等式组.

(1) $\begin{cases} x + 3 < 5, \\ 3x - 1 > 8; \end{cases}$ (2) $\begin{cases} 0.2x > 0.3x + 1, \\ 0.5x - 1 < 0.2; \end{cases}$

(3) $\begin{cases} 2x + 3 > 5, \\ 3x - 2 > 4; \end{cases}$ (4) $\begin{cases} x - 1 > 2, \\ \dfrac{x}{2} + 3 < -2; \end{cases}$

(5) $\begin{cases} \dfrac{x}{2} + 1 < 2(x - 1), \\ \dfrac{x}{3} > \dfrac{x + 2}{5}; \end{cases}$ (6) $\begin{cases} 2x + 5 \leqslant 3(x + 2), \\ \dfrac{x - 1}{2} < \dfrac{x}{3}; \end{cases}$

(7) $\begin{cases} 6x - 4 \leqslant 3; \\ 2 - x \leqslant x + 3; \\ 3x - 2 < x + 8. \end{cases}$

2. 用若干辆载重量为 8 吨的汽车运一批货物. 若每辆汽车只装 4 吨，则剩下 20 吨货物；若每辆汽车装满 8 吨，则最后一辆汽车不满也不空. 请问有多少辆汽车？

3. 一个人的头发大约有 10 万根到 20 万根，每根头发每天大约生长 0.32 mm. 小颖的头发现在大约有 10 cm 长，那么大约经过多长时间，她的头发长到 16 cm 到 18 cm？

# 3.7 专业应用题

1. 已知一孔梁全长 30 m，使用规格为 200 mm × 240 mm（即宽为 200 mm）的断面桥枕，桥枕净距值 0.18 m，求桥枕所需的数目？

2. 一台塔式起重机最大起重力矩为 480 t·m. 在起重幅度为 40 m 时，求理论上该台起重机最多能吊多重的物体？提示：$M$(力矩) = $F$(力) × $L$(力臂)

3. 下图为某型号履带式起重机的示意图. 已知该起重机的最大起重力矩为 800 t·m，当 $R = 10$ m 时，求理论起重量为多少？

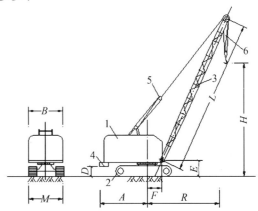

4. 某两电源三网孔的复杂电路，根据基尔霍夫定律列得各网孔电流 $I_1, I_2, I_3$ 求解方程. 已知 $R_1 = 10\,\Omega$，$R_2 = 4\,\Omega$，$R_3 = 10\,\Omega$，$U_{AB} = 10$ V，试求解各网孔电流(单位：安培).

$$\begin{cases} I_1 R_1 + I_2 R_2 + 3 = 0, \\ I_2 R_2 + 2 = 0, \\ I_3 = \dfrac{U_{AB}}{R_3}. \end{cases}$$

5. 混凝土试验室常利用下面的方程组求解石子、砂、水泥、水的配合比. 已知混凝土表观密度 $m'_{cp} = 2400$ kg/m$^3$，水泥单位体积质量 $m_c = 360$ kg/m$^3$，水单位体积质量 $m_w = 180$ kg/m$^3$，含砂率 $\beta_s = 35\%$，试分别求出砂单位体积质量 $m_s$、石子单位体积质量 $m_G$ 的值为多少？

$$\begin{cases} m_c + m_s + m_G - m_w = m'_{cp}, \\ \dfrac{m_s}{m_s + m_G} \times 100\% = \beta_s. \end{cases}$$

6. 超声波无损检测，在波源附近产生波干涉现象的区域称近场区，近场区距离 $N = \dfrac{D^2}{4\lambda}$，其单位：mm；超声波束发射方向与波源轴线夹角称半扩散角，半扩散角 $\theta_0 = 70\dfrac{\lambda}{D}$；超声波传播速度称波速，波速 $C = f \times \lambda$，其单位：m/s. 已知超声波探头晶片直径 $D = 200$ mm，波速 $C = 5900$ m/s，超声波频率 $f = 2.5$ MHz，试列方程组求解近场区距离 $N$ 和半扩散角 $\theta_0$.

7. 电阻、电感串联电路的阻抗求解公式为

$$Z^2 = R^2 + X_L{}^2,$$

测得某一电阻、电感串联电路中的阻抗 $Z = 5\ \Omega$，电阻 $R = 3\ \Omega$，求该电路中电感的感抗 $X_L$ 值.

# 4 三角函数

## 4.1 平面直角坐标系的变换

### 4.1.1 平面直角坐标系

在同一个平面上互相垂直且有公共原点的两条数轴构成**平面直角坐标系**. 通常，两条数轴分别置于水平位置与铅直位置，取向右与向上的方向分别为两条数轴的正方向. 水平的数轴叫做 $x$ **轴**或**横轴**，铅直的数轴叫做 $y$ **轴**或**纵轴**，$x$ 轴和 $y$ 轴统称为**坐标轴**，它们的公共原点 $O$ 称为直角坐标系的**原点**.

坐标系所在平面叫做**坐标平面**，$x$ 轴和 $y$ 轴将坐标平面分成了四个象限，右上方的部分叫做**第一象限**，其他三个部分按逆时针方向依次叫做**第二象限**、**第三象限**和**第四象限**. 象限以数轴为界，横轴、纵轴上的点及原点不在任何一个象限内. 一般情况下，$x$ 轴和 $y$ 轴取相同的单位长度，但在特殊情况下，也可以取不同的单位长度.

在直角坐标系中，对于平面上的任意一点 $P$，都有唯一的一个有序实数对$(x,y)$与它对应；反过来，对于任意一个有序实数对$(x,y)$，都有平面上唯一的一点 $P$ 与它对应，有序实数对$(x,y)$叫做点 $P$ 的**坐标**，其中 $x$ 和 $y$ 分别叫做点 $P$ 的**横坐标**和**纵坐标**.

**练习** 按要求写出点的坐标.

(1) 点 $P$ 位于 $x$ 轴下方，$y$ 轴左侧，距离 $x$ 轴 4 个单位长度，距离 $y$ 轴 2 个单位长度，写出点 $P$ 的坐标；

(2) 已知点 $A(2, -3)$，线段 $AB$ 长度为 5 且与 $y$ 轴平行，写出点 $B$ 的坐标；

(3) 写出 $x$ 轴上任意三个点的坐标；

(4) 写出 $y$ 轴上任意三个点的坐标；

(5) 写出一、三象限角平分线上任意三个点的坐标；

(6) 写出二、四象限角平分线上任意三个点的坐标;

(7) 已知点 $A(3, -5)$,点 $B$ 与点 $A$ 关于 $x$ 轴对称,写出点 $B$ 的坐标;

(8) 已知点 $C(-4, 1)$,点 $D$ 与点 $C$ 关于 $y$ 轴对称,写出点 $D$ 的坐标;

(9) 已知点 $E(7, -1)$,点 $F$ 与点 $E$ 关于原点对称,写出点 $F$ 的坐标.

## 4.1.2 平面直角坐标系内点的平移

如图 4.1-1,将点 $A(-2, -3)$ 向右平移 5 个单位长度,得到点 $A_1$,在图上标出这个点,并写出它的坐标.把点 $A$ 向上平移 4 个单位长度呢?把点 $A$ 向左或向下平移,观察它们坐标的变化,你能从中发现什么规律吗?再找几个点,对它们进行平移,观察它们的坐标是否按你发现的规律变化.

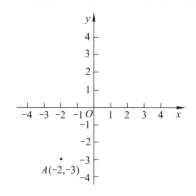

**图 4.1-1**

结论:在平面直角坐标系中,将点 $(x, y)$ 向右(向左)平移 $a(a>0)$ 个单位长度,可以得到对应点 $(x+a, y)$(或 $(x-a, y)$);将点 $(x, y)$ 向上(或下)平移 $b(b>0)$ 个单位长度,可以得到对应点 $(x, y+b)$(或 $(x, y-b)$).

对一个图形进行平移,这个图形上所有点的坐标都要发生相应的变化;反过来,从图形上点的坐标的某种变化,我们也可以看出对这个图形进行了怎样的平移.

如图 4.1-2(a),$\triangle ABC$ 三个顶点的坐标分别是 $A(4, 3)$,$B(3, 1)$,$C(1, 2)$.

(1) 将 $\triangle ABC$ 三个顶点的横坐标都减去 6,纵坐标不变,分别得到点 $A_1(-2, 3)$,$B_1(-3, 1)$,$C_1(-5, 2)$,依次连接 $A_1$,$B_1$,$C_1$ 各点,所得 $\triangle A_1B_1C_1$ 与 $\triangle ABC$ 的大小、形状和位

置有什么关系?

(2) 将△ABC 三个顶点的纵坐标都减去 5,横坐标不变,分别得到点 $A_2(4,-2)$,$B_2(3,-4)$,$C_2(1,-3)$,依次连接 $A_2$,$B_2$,$C_2$ 各点,所得△$A_2B_2C_2$ 与△ABC 的大小、形状和位置有什么关系?

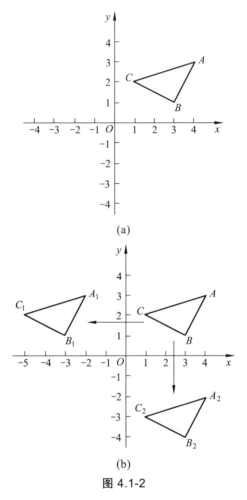

(a)

(b)

图 4.1-2

如图 4.1-2(b),(1) 将△ABC 三个顶点的横坐标都减去 6,纵坐标不变,所得△$A_1B_1C_1$ 与△ABC 的大小、形状完全相同,△$A_1B_1C_1$ 可以看作将△ABC 向左平移 6 个单位长度得到.

(2) 同样,将△ABC 三个顶点的纵坐标都减去 5,横坐标不变,所得△$A_2B_2C_2$ 与△ABC 的大小、形状完全相同,△$A_2B_2C_2$ 可以看作将△ABC 向下平移 5 个单位长度得到.

结论:在平面直角坐标系内,如果把一个图形各个点的横坐标都加上(或减去)一个正数 $a$,相应的新图形就是把原图形向右(或向左)平移 $a$ 个单位长度;如果把它各个点的纵坐标都加上（或减去）一个正数 $b$，相应的新图形就是把原图向上（或向下）平移 $b$ 个单位长度.

**练习**

1. 如果 $A,B$ 的坐标分别为 $A(-4,5),B(-4,2)$，将点 $A$ 向_____平移_____个单位长度得到点 $B$；将点 $B$ 向____平移____个单位长度得到点 $A$.

2. 如果 $P,Q$ 的坐标分别为 $P(-3,-5)$，$Q(2,-5)$，将点 $P$ 向____平移____个单位长度得到点 $Q$；将点 $Q$ 向____平移____个单位长度得到点 $P$.

3. 已知点 $A$ 的坐标为 $(-2,-3)$，分别求点经下列平移变换后所到位置点的坐标.

(1) 向上平移 3 个单位；

(2) 向下平移 1 个单位；

(3) 向左平移 2 个单位；

(4) 向右平移 4 个单位；

(5) 先向右平移 1 个单位，再向下平移 3 个单位.

4. 如图 4.1-3，将平行四边形 $ABCD$ 向左平移 2 个单位长度，然后再向上平移 3 个单位长度，可以得到平行四边形 $A'B'C'D'$，画出平移后的图形，并指出其各个顶点的坐标.

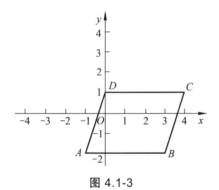

图 4.1-3

## 4.1.3　坐标轴的平移

不改变坐标轴的方向和长度单位，只改变坐标原点的位置的坐标系变换，叫做坐标轴的平移.

如图 4.1-4，当把坐标系 $xOy$ 的原点 $O(0,0)$ 移到 $O'(h,k)$ 时，得到新坐标系 $x'O'y'$，平面内一点 $P$ 的原坐标 $(x,y)$ 和它的新坐标 $(x',y')$ 之间有下列关系：

$$\begin{cases} x = x' + h, \\ y = y' + k; \end{cases} \quad \begin{cases} x' = x - h, \\ y' = y - k. \end{cases}$$

上面的公式叫做平移公式或移轴公式.

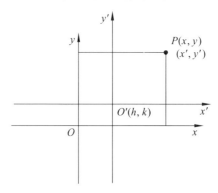

图 4.1-4

**例 1** 平移坐标轴，把坐标原点移到 $O'(4, 5)$，试求点 $A(3, -6)$，$B(7, 0)$，$C(0, -8)$ 的新坐标.

**解** 因为 $h = 4$，$k = 5$，所以

$$\begin{cases} x' = 3 - 4 = -1, \\ y' = -6 - 5 = -11. \end{cases}$$

所以点 $A$ 的新坐标为 $(-1, -11)$.

同样可以求出 $B, C$ 两点的新坐标分别为 $(3, -5)$，$(-4, -13)$.

**例 2** 平移坐标轴，把原点平移到什么位置，能使得点 $M(-4, 0)$ 的原坐标为 $(0, 3)$.

**解** 由 $x' = -4$，$y' = 0$，$x = 0$，$y = 3$ 可得

$$h = 0 - (-4) = 4,$$
$$k = 3 - 0 = 3.$$

所以应该把原点平移到点 $(4, 3)$.

**练习**

1. 把原点 $O$ 移到 $O'(3, -4)$，求点 $A(3, -2), B(6, 2), C(-3, -2)$ 的新坐标.

2. 平移坐标轴，把原点平移到什么位置才能使 $A(2, 4)$ 的新坐标为 $(3, 2)$.

## 4.1.4 平面直角坐标系的旋转

不改变坐标原点的位置和长度单位，只改变坐标轴的方

向的坐标系变换，叫做坐标轴的旋转.

如图 4.1-5，将坐标系 $xOy$ 逆时针旋转 $\theta$ 角，得到新坐标系 $x''Oy''$，点 $P$ 的原坐标$(x, y)$和新坐标$(x'', y'')$之间有下列关系：

$$\begin{cases} x'' = x\cos\theta + y\sin\theta, \\ y'' = y\cos\theta - x\sin\theta; \end{cases}$$

$$\begin{cases} x = x''\cos\theta - y''\sin\theta, \\ y = y''\cos\theta + x''\sin\theta. \end{cases}$$

以上两组公式叫做**旋转公式**.

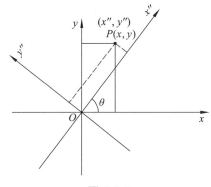

图 4.1-5

**例 3** 坐标轴旋转 $5°$，求点 $A(0.2, 1.5)$，$B(-2.3, 2)$，$C(0, 3.2)$的新坐标（精确到 0.01）.

**解** 把点 $A$ 的坐标 $x = 0.2$，$y = 1.5$ 代入公式得

$$x'' = 0.2\cos5° + 1.5\sin5° \approx 0.33,$$

$$y'' = 1.5\cos5° - 0.2\sin5° \approx 1.48.$$

把点 $B$ 的坐标 $x = -2.3$，$y = 2$ 代入公式得

$$x'' = -2.3\cos5° + 2\sin5° \approx -2.12,$$

$$y'' = 2\cos5° - (-2.3)\sin5° \approx 2.19.$$

把点 $C$ 的坐标 $x = 0$，$y = 3.2$ 代入公式得

$$x'' = 0 \times \cos5° + 3.2\sin5° \approx 0.28,$$

$$y'' = 3.2\cos5° - 0 \times \sin5° \approx 3.19.$$

所以点 $A, B, C$ 的新坐标分别为$(0.33, 1.48)$，$(-2.12, 2.19)$，$(0.28, 3.19)$.

**例 4** 将坐标轴旋转 $\dfrac{\pi}{4}$，试求旋转坐标轴后二次曲线

$xy = \sqrt{2}$ 的新方程.

**解**

$$x = x''\cos\frac{\pi}{4} - y''\sin\frac{\pi}{4} = \frac{\sqrt{2}}{2}(x'' - y''),$$

$$y = y''\cos\frac{\pi}{4} + x''\sin\frac{\pi}{4} = \frac{\sqrt{2}}{2}(x'' + y'').$$

将上式代入 $xy = \sqrt{2}$ 得

$$[\frac{\sqrt{2}}{2}(x'' - y'')][\frac{\sqrt{2}}{2}(x'' + y'')] = \sqrt{2}.$$

化简得

$$x''^2 - y''^2 = 2\sqrt{2}.$$

此方程即为所求新方程.

**练习**

1. 坐标轴旋转 $\frac{\pi}{3}$，求点 $A(2, 1)$，$B(-1, 2)$，$C(0, 5)$的新坐标（精确到 0.01）.

2. 将坐标轴旋转 $\theta = 45°$后，

(1) 求点 $A(4, -2)$所对应的新坐标；

(2) 若 $B$ 点的新坐标为$(-3\sqrt{2}, \sqrt{2})$，求点 $B$ 的原坐标.

# 习题 4.1

1. 如下图所示，将三角形向右平移 2 个单位长度，再向上平移 3 个单位长度，求平移后三个顶点的坐标.

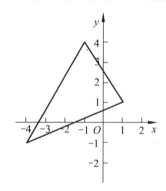

2. 如下图所示，长方形 $ABCD$ 的四个顶点分别是 $A(-3, 2)$，$B(-3, -2)$，$C(3, -2)$，$D(3, 2)$. 将长方形向左平移 2 个单位长度，各个顶点的坐标变为多少？将它向上平移 3

个单位长度呢? 分别画出平移后的图形.

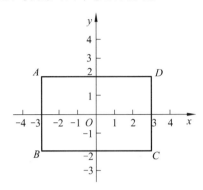

3. 如下图所示, △AOB 中, A, B 两点的坐标分别为 (2, 4), (6, 2), 求 △AOB 的面积.

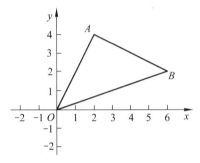

4. 直角坐标系中, 点 $M(1, 2)$ 可由点 $N(-2, 0)$ 经过怎样平移得到.

5. 平移坐标轴, 把原点平移到 $O'(-4, 3)$,

(1) 求 $A(0, 0), B(4, -5)$ 的新坐标;

(2) 求 $C(5, -7), D(4, -6)$ 的原坐标.

6. 已知点 $A, B, C$ 的坐标分别为 $(20, 60), (46, 15), (28, 37)$, 现在以点 $A$ 为新坐标系的原点平移坐标轴, 求点 $B, C$ 在新坐标系中的坐标.

7. 平移坐标轴, 把原点移到 $O'(3, 0)$, 求方程 $3x - 4y = 9$ 在新坐标系中的方程.

8. 将直线 $y = 3x$ 向左平移 2 个单位后, 再向下平移 3 个单位, 求该直线平移后的解析式.

9. 将坐标轴旋转 $\theta = \dfrac{\pi}{3}$ 后,

(1) 求点 $P(3, 1)$ 所对应的新坐标;

(2) 若 $Q$ 点的新坐标为 $(-1, 2)$, 求点 $Q$ 的原坐标.

10. 将坐标轴旋转 $\dfrac{\pi}{4}$, 求曲线 $x^2 + 4xy + y^2 = 3$ 在新坐标系中的方程.

11. 设点 $A$ 在原坐标系 $xOy$ 中的坐标为 $(2, 5)$.

(1) 首先平移坐标轴，将坐标原点平移到 $O'(1, 4)$，构成坐标系 $x'O'y'$，然后再将坐标轴绕 $O'$ 旋转 $\frac{\pi}{4}$，构成新坐标系 $x''O'y''$，求点 $A$ 在新坐标系中的坐标.

(2) 首先将坐标轴绕坐标原点 $O$ 旋转 $\frac{\pi}{4}$，构成坐标系 $x''Oy''$，然后平移坐标系，将 $O$ 平移到 $(1, 4)$（坐标系 $x''Oy''$ 中的坐标）构成新坐标系 $x'O'y'$，求点 $A$ 在新坐标系中的坐标.

(3) (2)中若先将坐标轴绕坐标原点 $O$ 旋转 $\frac{\pi}{4}$，构成新坐标系 $x''Oy''$，再将坐标系 $x''Oy''$ 平移到何处，才能使 $A$ 点的新坐标与(1)相同.

# 4.2 角的概念

## 4.2.1 角概念的推广

**引例 1** 如图 4.2-1，假设推门和拉门的角度都是 60°，那么完成将一扇门打开 60°的动作就有两种选择，你能否找出一种简明的方法区分出开门的方向？

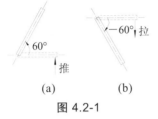

**图 4.2-1**

**引例 2** 假设目前的准确时间是 8：45. 图 4.2-2 中，左图里挂钟显示的时间(10：15)快了一个半小时，要校准此钟，必须将分针往回拨一圈半，分针被拨动一圈的时候，它被拨动的角度是多少？再拨半圈，分针又转过多少度？从开始拨动到完成校准，分针转过的角度一共是多少？

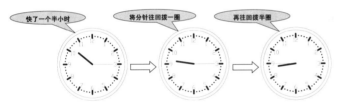

**图 4.2-2**

当我们把门推开或拉开时，其下边框初始和终止位置形成了一个角；从某一时刻到另一时刻，钟表的指针从初始位置转到了终止位置也形成了一个角.

在平面内，一条射线绕它的端点 $O$，从位置 $OA$ 旋转到任意位置 $OB$ 形成的图形称为**角**. 射线的端点 $O$ 称为角的**顶点**. 射线旋转的初始位置 $OA$ 称为角的**始边**，射线旋转的终止位置 $OB$ 称为角的**终边**，如图 4.2-3 所示. 角常用小写希腊字母 $\alpha, \beta, \cdots$ 来表示.

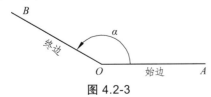

**图 4.2-3**

我们规定：**按逆时针方向旋转形成的角称为正角；按顺时针方向旋转形成的角称为负角；当一条射线不旋转时，我们也认为它形成了一个角，称为零角.**

引例 1 中，推门就是使门旋转 60°角（见图 4.2-1（a）），拉门就是使门旋转 −60°角（见图 4.2-1（b）），如果门没有被推（拉）动，那么门旋转的角度是 0°.

引例 2 中，分针在整个校准过程中总共转过的角度是 360° + 180° = 540°. 这表明，一个角的大小可以小于 0°，也可以大于 360°. 为了表达准确，我们在画一个角的时候，不仅要表示出旋转方向，而且要把形成这个角的旋转过程表示出来，如图 4.2-4 所示.

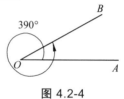

图 4.2-4

**练习**

1. 时钟从 3 点走到 3 点 15 分，分针旋转了多少度？

2. 当把手表倒拨（逆时针）1 小时 20 分钟，分针和时针分别旋转了多少度？

3. 分别画出以下各角：150°，420°，750°，−120°，−390°.

## 4.2.2 象限角与终边相同的角

我们常把角放在平面直角坐标系中进行讨论，把角的顶点放在坐标原点，让角的始边与 x 轴的正半轴重合，这时角的终边落在坐标系中的第几象限，就说这个角是**第几象限角**. 比如，45°角是第一角限角，−240°角是第二象限角（见图 4.2-5（a））；585°角是第三角限角，300°角是第四象限角（见图 4.2-5（b））. 如果一个角的终边落在坐标轴上，就说这个角是**轴线角**. 例如：90°角、−180°都是轴线角（见图 4.2-5（c））.

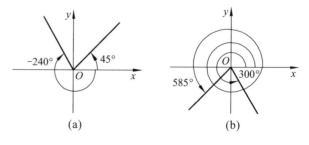

(a)                    (b)

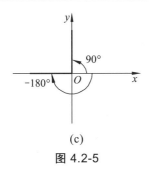

(c)

图 4.2-5

在 $0°\sim360°$ 范围内，各象限角的范围见表 4.2-1；各轴线角的大小见表 4.2-2.

表 4.2-1

| 象限 | 一 | 二 | 三 | 四 |
|---|---|---|---|---|
| $\alpha$ | $0°<\alpha<90°$ | $90°<\alpha<180°$ | $180°<\alpha<270°$ | $270°<\alpha<360°$ |

表 4.2-2

| 位置 | $x$ 正半轴 | $y$ 正半轴 | $x$ 负半轴 | $y$ 负半轴 |
|---|---|---|---|---|
| 角度 | $0°$ | $90°$ | $180°$ | $270°$ |

在 $0°\sim360°$ 范围内，象限角、轴线角的直观表示见图 4.2-6.

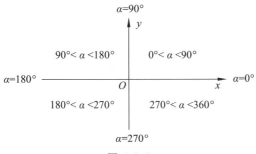

图 4.2-6

请在同一坐标系中画出以下各角，并观察这些角有什么共同点：$30°,390°,750°,-330°,-690°$.

通过观察可以发现，这些角的终边位置是相同的，因为在直角坐标系中，角的始边和顶点都在 $x$ 轴的正向和坐标原点，所以这些角的始边和顶点也相同. 我们把**角的始边、终边、顶点均相同的角叫做终边相同的角**.

终边相同的角有什么共同特征？如何把它们都表示出来呢？我们对上述几个角进行分析：

$$30° = 30° + 0 \times 360°,$$

$$390° = 30° + 1 \times 360°,$$
$$750° = 30° + 2 \times 360°,$$
$$-330° = 30° + (-1) \times 360°,$$
$$-690° = 30° + (-2) \times 360°,$$

这样我们可以得到与 30°角终边相同的角（含 30°角在内）的一般表达式

$$\beta = 30° + k \cdot 360°, \quad k \in \mathbf{Z}.$$

由此推广，与 $\alpha$ 角终边相同的角（含 $\alpha$ 角在内）的一般表达式为

$$\beta = \alpha + k \cdot 360°, \quad k \in \mathbf{Z}.$$

由此可以得到轴线角的一般表达式，见表 4.2-3.

表 4.2-3

| 终边位置 | 一般表达式 |
|---|---|
| $x$ 轴的正半轴 | $\beta = k \cdot 360°, \ k \in \mathbf{Z}$ |
| $x$ 轴的负半轴 | $\beta = 180° + k \cdot 360°, \ k \in \mathbf{Z}$ |
| $x$ 轴 | $\beta = k \cdot 180°, \ k \in \mathbf{Z}$ |
| $y$ 轴的正半轴 | $\beta = 90° + k \cdot 360°, \ k \in \mathbf{Z}$ |
| $y$ 轴的负半轴 | $\beta = 270° + k \cdot 360°, \ k \in \mathbf{Z}$ |
| $y$ 轴 | $\beta = 90° + k \cdot 180°, \ k \in \mathbf{Z}$ |

**例 1** 下列各角中哪些角与 40°角终边相同？

390°，400°，−320°，320°.

**解** 因为

$$400° = 40° + 360°,$$
$$-320° = 40° - 360°,$$

所以 400°，−320°角与 40°角终边相同；而 390°，320°角与 40°角终边不相同.

**例 2** 写出与 −125°16′角终边相同的角的集合 $S$，以及集合 $S$ 中在 −360°与 720°之间的角.

**解** (1) $S = \{\beta | \beta = k \cdot 360° - 125°16', \ k \in \mathbf{Z}\}$.

当 $k = 0$ 时，$\beta_1 = -125°16'$；

$k = 1$ 时，$\beta_2 = 234°44'$；

$k = 2$ 时，$\beta_3 = 594°44'$.

所以 $S$ 中 −360°与 720°之间的角有：

$$\beta_1 = -125°16',\quad \beta_2 = 234°44',\quad \beta_3 = 594°44'.$$

## 习题 4.2

1. 经过下列时间，时钟的分针和时针各转动了多少度角？

2 小时；45 分钟；1 个半小时；5 小时又 25 分钟．

2. 下列各角是第几象限的角？（如果是轴线角也请说明）

30°，120°，180°，260°，300°，360°，390°，450°，-30°，-90°，-120°，-230°，-330°．

3. 下列各角中哪些角与 80° 角终边相同？

440°，280°，-280°，-400°．

4. 写出与下列各角终边相同的角的集合 $S$，以及集合中在 -720° 与 360° 之间的角．

45°；　-60°；　-204°54'．

## 4.3 弧度制

### 4.3.1 弧度制

在数学和工程实际中，角的度量，除了用角度制（度、分、秒制）以外，还常用弧度制. 我们规定，**弧长等于半径的圆弧所对的圆心角为 1 弧度**，如图 4.3-1 所示. 弧度用符号"rad"表示，用"弧度"作单位来度量角的制度叫**弧度制**. 用弧度制表示角，弧度（rad）可以省略.

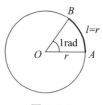

图 4.3-1

根据弧度的定义，在半径为 $r$ 的圆中，弧长为 $l$ 的圆弧所对的圆心角 $\alpha$ 的弧度数是 $\dfrac{l}{r}$，即

$$|\alpha|(\text{rad}) = \frac{l}{r}. \qquad (4.3\text{-}1)$$

例如，圆的周长是 $2\pi r$，它所对的圆心角的大小是 $\dfrac{2\pi r}{r} = 2\pi\,\text{rad}$. 也就是说，周角用弧度制度量是 $2\pi\,\text{rad}$，而周角用角度制度量是 $360°$，所以，

$$360° = 2\pi\,\text{rad},$$

即

$$180° = \pi\,\text{rad},$$

$$1° = \frac{\pi}{180}\,\text{rad} \approx 0.01745\,\text{rad},$$

$$1\,\text{rad} = \left(\frac{180}{\pi}\right)° \approx 57.3° = 57°18'.$$

**例 1** 用弧度表示下列各角的大小.

$$60°, \quad 120°, \quad -30°, \quad -270°.$$

**解** $60° = 60 \times \dfrac{\pi}{180} = \dfrac{\pi}{3}$,

$$120° = 120 \times \frac{\pi}{180} = \frac{2\pi}{3},$$

$$-30° = -(30 \times \frac{\pi}{180}) = -\frac{\pi}{6},$$

$$-270° = -(270 \times \frac{\pi}{180}) = -\frac{3\pi}{2}.$$

**例 2** 用度、分、秒表示下列各角的大小.

$$2.5, \quad \frac{\pi}{6}, \quad \frac{\pi}{2}, \quad \frac{5\pi}{6}.$$

**解** $2.5 = 2.5 \times \frac{180°}{\pi} = \frac{450°}{\pi} \approx 143.2394° = 143°14'22''$,

$$\frac{\pi}{6} = \frac{\pi}{6} \times \frac{180°}{\pi} = 30°,$$

$$\frac{\pi}{2} = \frac{\pi}{2} \times \frac{180°}{\pi} = 90°,$$

$$\frac{5\pi}{6} = \frac{5\pi}{6} \times \frac{180°}{\pi} = 150°.$$

表 4.3-1 列出了一些特殊角的度数与弧度数之间的对应关系.

表 4.3-1

| 度数 | 0° | 30° | 45° | 60° | 90° | 120° | 135° | 150° | 180° | 270° | 360° |
|---|---|---|---|---|---|---|---|---|---|---|---|
| 弧度 | 0 | $\frac{\pi}{6}$ | $\frac{\pi}{4}$ | $\frac{\pi}{3}$ | $\frac{\pi}{2}$ | $\frac{2\pi}{3}$ | $\frac{3\pi}{4}$ | $\frac{5\pi}{6}$ | $\pi$ | $\frac{3\pi}{2}$ | $2\pi$ |

一般学生用的计算器都有度与弧度互化的功能. 如将 37° 化为弧度，可依次按下列各键：MODE MODE 2 3 7 SHIFT Ans 1 =，结果显示为 0.645771823（即为 0.645771823 rad）. 将 $\frac{5}{6}$ rad 化为度，可依次按下列各键：MODE MODE 1 ( 5 ÷ 6 ) SHIFT Ans 2 =，结果显示为 47.74648292（即为 47.74648292°）.

计算器还可以将度与度、分、秒互化. 如用计算器将 23.05° 化为度、分、秒，可依次按下列各键：MODE MODE 1 23.05 °'" =，结果显示为 23°03'0'' (即 23°03'00''). 将 65°23'13'' 化为度，按顺序按下列各键：65 °'" 23 °'" 13 °'" = °'"，显示结果为 65.38694444（即为 65.38694444°）.

**练习**

1. 用弧度表示下列各角的大小.

$$245°, 420°, 300°, 330°$$

2. 用度表示下列各角的大小.

$$3, \frac{5\pi}{3}, \frac{3\pi}{5}, \frac{5\pi}{4}.$$

弧度制下, $0 \sim 2\pi$ 的轴线角及象限角的范围如图 4.3-2 所示.

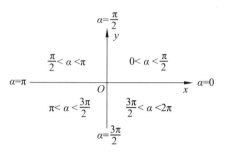

图 4.3-2

如果 $\alpha$ 角的单位是弧度, 与 $\alpha$ 角终边相同的角（含 $\alpha$ 角在内）的一般表达式为:

$$\beta = \alpha + 2k\pi, \ k \in \mathbf{Z}.$$

**例 3** 下列各角分别是第几象限角.

(1) $\frac{6\pi}{5}$; (2) $\frac{2\pi}{7}$; (3) $\frac{7\pi}{4}$.

**解** (1) 因为 $\pi < \frac{6\pi}{5} < \frac{3\pi}{2}$, 所以 $\frac{6\pi}{5}$ 是第三象限角.

(2) 因为 $0 < \frac{2\pi}{7} < \frac{\pi}{2}$, 所以 $\frac{2\pi}{7}$ 是第一象限角.

(3) 因为 $\frac{3\pi}{2} < \frac{7\pi}{4} < 2\pi$, 所以 $\frac{7\pi}{4}$ 是第四象限角.

**例 4** 写出与下列各角终边相同的角的集合 $S$, 并在 $S$ 中找出 $-2\pi \sim 2\pi$ 的角.

(1) $-\frac{\pi}{6}$; (2) $\frac{3\pi}{4}$.

**解** (1) $S = \{\beta \mid \beta = 2k\pi - \frac{\pi}{6}, \ k \in \mathbf{Z}\}$.

因为 $k = 0$ 时, $\beta_1 = -\frac{\pi}{6}$;

$\qquad k = 1$ 时, $\beta_2 = \frac{11\pi}{6}$,

所以 $S$ 中 $-2\pi \sim 2\pi$ 的角有: $\beta_1 = -\frac{\pi}{6}$, $\beta_2 = \frac{11\pi}{6}$.

(2) $S = \{\beta \mid \beta = 2k\pi + \dfrac{3\pi}{4},\ k \in \mathbf{Z}\}$.

因为 $k = 0$ 时，$\beta_1 = \dfrac{3\pi}{4}$；

$k = -1$ 时，$\beta_2 = -\dfrac{5\pi}{4}$，

所以 $S$ 中 $-2\pi \sim 2\pi$ 的角有：$\beta_1 = \dfrac{3\pi}{4}$，$\beta_2 = -\dfrac{5\pi}{4}$.

**练习**

1. 判断下列各角是第几象限角.

(1) 3；　(2) $\dfrac{2\pi}{5}$；　(3) $\dfrac{11\pi}{6}$；　(4) $\dfrac{2\pi}{3}$.

2. 写出与下列各角终边相同的角的集合 $S$，并在 $S$ 中找出 $0 \sim 4\pi$ 的角.

(1) $\dfrac{3\pi}{8}$；　(2) $-\dfrac{5\pi}{6}$.

## 4.3.2　圆弧长公式

由公式(4.3-1)得

$$l = r \cdot |\alpha|. \tag{4.3-2}$$

公式(4.3-2)是求圆弧的弧长公式，**圆弧长等于半径与圆心角弧度数的乘积**.

**例 5**　求图 4.3-3 中公路弯道处弧 $AB$ 的长 $l$（单位：m，精确到 1 m）.

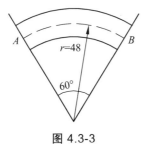

图 4.3-3

**解**　由图示可知，

$$r = 48，\quad \alpha = 60° = \dfrac{\pi}{3},$$

则由圆弧长公式得

$$l = r \cdot |\alpha| = 48 \times \dfrac{\pi}{3} \approx 50 \text{ m}.$$

所以，弯道处弧 $AB$ 的长约为 50 m.

**例 6** 车床上被加工的工件上的某一点 $A$，由静止开始作匀速圆周运动，如图 4.3-4 所示. 设圆的半径为 20cm，点 $A$ 在 1s 内由 $A$ 运动到 $A_1$ 点的位置，经过的圆的弧长为 200 cm，求：

(1) 1s 内点 $A$ 所经过的圆心角；

(2) 点 $A$ 在 1s 内所旋转的周数.

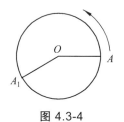

图 4.3-4

**解** (1) 因为 $l = 200$ cm，$r = 20$ cm，所以

$$|\alpha| = \frac{200}{20} = 10 \text{ (rad)}.$$

(2) 旋转周数：

$$n = \frac{|\alpha|}{2\pi} = \frac{10}{2\pi} = \frac{5}{\pi} \approx 1.6 \text{ (周)}.$$

答：(1) 1s 内点 $A$ 所经过的圆心角为 10 rad.

(2) 点 $A$ 在 1s 内所旋转的周数约为 1.6 周.

# 习题 4.3

1. 把下列各角的度数化为弧度数（其中前 5 个写成 $\pi$ 的倍数）.

$18°$，$75°$，$300°$，$22°30'$，$240°$，$55.5°$，$40°20'$，$320°18'$.

2. 把下列各角的弧度数化为度分秒.

$\frac{\pi}{12}$，$\frac{3\pi}{4}$，$\frac{4\pi}{3}$，$\frac{7\pi}{10}$，$3$，$\frac{1}{15}$，$4.85$.

3. 在半径等于 22.6 cm 的圆周上，如果一段弧含有 40.5°，求这段弧的长（精确到 0.1 cm）.

4. 已知长 50 cm 的弧含有 220°，求这弧所在圆的半径（精确到 0.1 cm）.

5. 直径等于 40 cm 的轮子，以每秒 45 rad 的角速度旋转，求轮子圆周上一点在 5 s 内所经过的弧长.

6. 设飞轮的直径为 1.2 m，每分钟转 300 转，求：

(1) 飞轮每秒转过的圆心角；

(2) 飞轮圆周上一点每秒所经过的圆弧长（精确到 1 mm）；

(3) 飞轮旋转一周需几秒？

# 4.4　三角函数的定义

## 4.4.1　任意角三角函数的定义

以任意角 $\alpha$ 的顶点为原点 $O$，角的始边为 $x$ 轴的正半轴，建立平面直角坐标系 $xOy$，如图 4.4-1，在角 $\alpha$ 的终边上任意取一点 $P(x, y)$(原点除外)，$OP$ 的长 $r = \sqrt{x^2 + y^2} > 0$. 我们把比值：$\dfrac{y}{r}$，$\dfrac{x}{r}$，$\dfrac{y}{x}$，$\dfrac{x}{y}$ 分别叫做角 $\alpha$ 的正弦、余弦、正切、余切，分别记作 $\sin\alpha$，$\cos\alpha$，$\tan\alpha$，$\cot\alpha$. 即

$$\sin\alpha = \frac{y}{r}，\quad \cos\alpha = \frac{x}{r}，\quad \tan\alpha = \frac{y}{x}，\quad \cot\alpha = \frac{x}{y}.$$

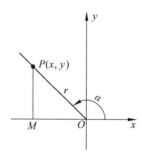

**图 4.4-1**

显然，上述比值的大小仅随角 $\alpha$ 终边位置的改变而改变. 因此，对于角 $\alpha$ 的每一个确定的值，上面四个比都有唯一确定的值与之对应. 这就是说，正弦、余弦、正切、余切分别建立了一个角的集合到一个比值的集合的单值对应，它们都是以角为自变量，以比值为函数值的函数，分别叫做角 $\alpha$ 的**正弦函数、余弦函数、正切函数、余切函数**，它们都叫做**三角函数**.

由于 $\alpha + 2k\pi$ $(k \in \mathbf{Z})$ 表示与 $\alpha$ 终边相同的角，根据三角函数的定义，它们的同名三角函数值相等，即

$$\sin(\alpha + 2k\pi) = \sin\alpha，\quad k \in \mathbf{Z},$$
$$\cos(\alpha + 2k\pi) = \cos\alpha，\quad k \in \mathbf{Z},$$
$$\tan(\alpha + 2k\pi) = \tan\alpha，\quad k \in \mathbf{Z},$$
$$\cot(\alpha + 2k\pi) = \cot\alpha，\quad k \in \mathbf{Z}.$$

下面讨论三角函数的定义域.

在正弦函数 $\sin\alpha = \dfrac{y}{r}$ 和余弦函数 $\cos\alpha = \dfrac{x}{r}$ 中，由于分

母 $r > 0$，所以无论 $\alpha$ 的终边在什么位置，$\dfrac{y}{r}$ 和 $\dfrac{x}{r}$ 都存在. 也就是说，不论角 $\alpha$ 取任何值，$\sin\alpha$ 和 $\cos\alpha$ 总有意义. 所以，$\sin\alpha$ 和 $\cos\alpha$ 两函数的定义域是 **R**.

在正切函数 $\tan\alpha = \dfrac{y}{x}$ 中，由于分母 $x$ 不能为零，所以角 $\alpha$ 的终边不能在 $y$ 轴上，即 $\alpha \neq \dfrac{\pi}{2} + k\pi$，$k \in \mathbf{Z}$. 所以，在弧度制下，正切函数 $\tan\alpha$ 的定义域是 $\{\alpha \mid \alpha \neq \dfrac{\pi}{2} + k\pi,\ k \in \mathbf{Z}\}$.

用同样的方法可以推出，余切函数 $\cot\alpha = \dfrac{x}{y}$ 的定义域是 $\{\alpha \mid \alpha \neq k\pi,\ k \in \mathbf{Z}\}$.

在弧度制下，正弦、余弦、正切、余切函数的定义域见表 4.4-1.

表 4.4-1

| 三角函数 | 定义域 |
| --- | --- |
| $\sin\alpha$, $\cos\alpha$ | **R** |
| $\tan\alpha$ | $\{\alpha \mid \alpha \neq \dfrac{\pi}{2} + k\pi,\ k \in \mathbf{Z}\}$ |
| $\cot\alpha$ | $\{\alpha \mid \alpha \neq k\pi,\ k \in \mathbf{Z}\}$ |

因为 $|x| \leqslant r$，$|y| \leqslant r$，根据三角函数的定义可以推出

$$|\sin\alpha| \leqslant 1,\ |\cos\alpha| \leqslant 1.$$

**例 1** 如图 4.4-2，已知角 $\alpha$ 的终边经过点 $P(3, -4)$，求角 $\alpha$ 的正弦、余弦、正切及余切函数值.

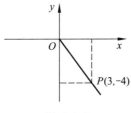

图 4.4-2

**解** 由点 $P(3, -4)$ 可知：

$$x = 3,\ y = -4,\ r = \sqrt{3^2 + (-4)^2} = 5,$$

所以

$$\sin\alpha = \frac{y}{r} = \frac{-4}{5} = -\frac{4}{5},$$

$$\cos\alpha = \frac{x}{r} = \frac{3}{5},$$

$$\tan\alpha = \frac{y}{x} = \frac{-4}{3} = -\frac{4}{3},$$

$$\cot\alpha = \frac{x}{y} = \frac{3}{-4} = -\frac{3}{4}.$$

**练习** 已知角 $\alpha$ 终边上一点 $P$，求 $\sin\alpha$，$\cos\alpha$，$\tan\alpha$ 和 $\cot\alpha$.

(1) $P(-3,4)$；　　(2) $P(-5,-12)$；　　(3) $P(1,1)$；

## 4.4.2　三角函数值的符号

三角函数值的符号是由三角函数的定义和各象限内点的坐标 $x$ 和 $y$ 的符号所决定的. 在平面直角坐标系中，象限内点的横坐标 $x$、纵坐标 $y$ 的正负规律如图 4.4-3 所示，$r > 0$，所以当角 $\alpha$ 在第一、二象限时它的正弦值为正，在第三、四象限时正弦值为负；角 $\alpha$ 在第一、四象限时它的余弦值为正，在第二、三象限时余弦值为负；角 $\alpha$ 在第一、三象限时它的正切值、余切值为正，在第二、四象限时正切值、余切值为负.

$x < 0$
$y > 0$

$x > 0$
$y > 0$

$O$

$x < 0$
$y < 0$

$x > 0$
$y < 0$

**图 4.4-3**

综上所述，各三角函数值在每个象限的符号如图 4.4-4 所示.

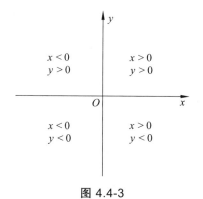

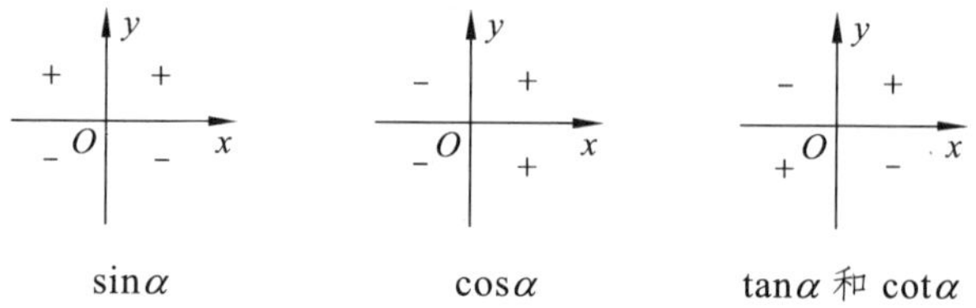

$\sin\alpha$　　　　$\cos\alpha$　　　　$\tan\alpha$ 和 $\cot\alpha$

**图 4.4-4**

**例2**　确定下列各三角函数值的符号.

(1) $\cos 50°$；　　　　　　(2) $\sin(-\dfrac{\pi}{4})$；

(3) $\tan\dfrac{4\pi}{3}$；　　　　　　(4) $\cot\dfrac{11\pi}{3}$.

**解**　(1) 因为 $50°$是第一象限角，所以 $\cos 50°>0$.

(2) 因为 $-\dfrac{\pi}{4}$ 是第四象限角，所以 $\sin(-\dfrac{\pi}{4})<0$.

(3) 因为 $\dfrac{4\pi}{3}$ 是第三象限角，所以 $\tan\dfrac{4\pi}{3}>0$.

(4) 因为 $\dfrac{11\pi}{3}$ 是第四象限角，所以 $\cot\dfrac{11\pi}{3}<0$.

**例3**　根据 $\sin\alpha<0$ 且 $\tan\alpha>0$ 的条件，试确定 $\alpha$ 是第几象限角.

**解**　因为 $\sin\alpha<0$，所以 $\alpha$ 是第三象限角或第四象限角，或 $\alpha$ 的终边在 $y$ 轴的负半轴上；

又因为 $\tan\alpha>0$，所以 $\alpha$ 是第一象限角或第三象限角.

所以符合 $\sin\alpha<0$ 且 $\tan\alpha>0$ 条件的角是第三象限角，即 $\alpha$ 为第三象限角.

**练习**　用 ">""<" 填空.

$\sin\dfrac{2\pi}{3}$＿＿$0$, $\cos\dfrac{2\pi}{3}$＿＿$0$, $\tan\dfrac{2\pi}{3}$＿＿$0$, $\cot\dfrac{2\pi}{3}$＿＿$0$；

$\sin\dfrac{7\pi}{6}$＿＿$0$, $\cos\dfrac{7\pi}{6}$＿＿$0$, $\tan\dfrac{7\pi}{6}$＿＿$0$, $\cot\dfrac{7\pi}{6}$＿＿$0$；

$\sin\dfrac{7\pi}{4}$＿＿$0$, $\cos\dfrac{7\pi}{4}$＿＿$0$, $\tan\dfrac{7\pi}{4}$＿＿$0$, $\cot\dfrac{7\pi}{4}$＿＿$0$；

$\sin(-\dfrac{\pi}{3})$＿＿$0$, $\cos(-\dfrac{\pi}{3})$＿＿$0$, $\tan(-\dfrac{\pi}{3})$＿＿$0$,

$\cot(-\dfrac{\pi}{3})$＿＿$0$.

## 4.4.3　特殊角的三角函数值

**例4**　求角 $30°$ 和角 $\dfrac{\pi}{4}$ 的正弦、余弦、正切及余切函数值.

**解**　(1) 如图4.4-5，在角 $30°$ 的终边上取一点 $P(\sqrt{3},1)$，则

$$x=\sqrt{3}\ ,\ y=1\ ,\ r=\sqrt{(\sqrt{3})^2+1^2}=2.$$

所以

$$\sin 30°=\dfrac{y}{r}=\dfrac{1}{2},$$

$$\cos 30° = \frac{x}{r} = \frac{\sqrt{3}}{2},$$

$$\tan 30° = \frac{y}{x} = \frac{1}{\sqrt{3}} = \frac{\sqrt{3}}{3},$$

$$\cot 30° = \frac{x}{y} = \frac{\sqrt{3}}{1} = \sqrt{3}.$$

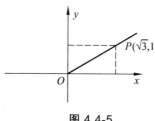

图 4.4-5         图 4.4-6

(2) 如图 4.4-6，在角 $\frac{\pi}{4}$ 的终边上取一点 $P(1,1)$，则

$$x = 1, \quad y = 1, \quad r = \sqrt{1^2 + 1^2} = \sqrt{2}.$$

所以

$$\sin \frac{\pi}{4} = \frac{y}{r} = \frac{1}{\sqrt{2}} = \frac{\sqrt{2}}{2};$$

$$\cos \frac{\pi}{4} = \frac{x}{r} = \frac{1}{\sqrt{2}} = \frac{\sqrt{2}}{2};$$

$$\tan \frac{\pi}{4} = \frac{y}{x} = \frac{1}{1} = 1;$$

$$\cot \frac{\pi}{4} = \frac{x}{y} = \frac{1}{1} = 1.$$

同理可求出特殊角 $60°, 90°, 180°, 270°$ 的四种三角函数值，详见表 4.4-2.

表 4.4-2

| $\alpha$ (度) | 0° | 30° | 45° | 60° | 90° | 180° | 270° |
|---|---|---|---|---|---|---|---|
| $\alpha$ (弧度) | 0 | $\frac{\pi}{6}$ | $\frac{\pi}{4}$ | $\frac{\pi}{3}$ | $\frac{\pi}{2}$ | $\pi$ | $\frac{3\pi}{2}$ |
| $\sin\alpha$ | 0 | $\frac{1}{2}$ | $\frac{\sqrt{2}}{2}$ | $\frac{\sqrt{3}}{2}$ | 1 | 0 | $-1$ |
| $\cos\alpha$ | 1 | $\frac{\sqrt{3}}{2}$ | $\frac{\sqrt{2}}{2}$ | $\frac{1}{2}$ | 0 | $-1$ | 0 |
| $\tan\alpha$ | 0 | $\frac{\sqrt{3}}{3}$ | 1 | $\sqrt{3}$ | 不存在 | 0 | 不存在 |
| $\cot\alpha$ | 不存在 | $\sqrt{3}$ | 1 | $\frac{\sqrt{3}}{3}$ | 0 | 不存在 | 0 |

**例5** 求下列各式的值.

(1) $5\sin90° + 2\cos0° - 2\sin270° + 10\cos180°$;

(2) $\cos\dfrac{\pi}{3} - \sin^2\dfrac{\pi}{4}\cos\pi - \dfrac{1}{3}\tan^2\dfrac{\pi}{3}\sin\dfrac{3\pi}{2} + \cos0$

**解** (1) 原式 $= 5\times1 + 2\times1 - 2\times(-1) + 10\times(-1)$

$\qquad = -1.$

(2) 原式 $= \dfrac{1}{2} - (\dfrac{\sqrt{2}}{2})^2\times(-1) - \dfrac{1}{3}\times(\sqrt{3})^2\times(-1) + 1$

$\qquad = 3.$

**例6** 求角 $390°$ 和 $-\dfrac{7\pi}{4}$ 的正弦、余弦、正切及余切函数值.

**解** $\sin390° = \sin(30° + 360°) = \sin30° = \dfrac{1}{2},$

$\cos390° = \cos(30° + 360°) = \cos30° = \dfrac{\sqrt{3}}{2},$

$\tan390° = \tan(30° + 360°) = \tan30° = \dfrac{\sqrt{3}}{3},$

$\cot390° = \cot(30° + 360°) = \cot30° = \sqrt{3}.$

$\sin(-\dfrac{7\pi}{4}) = \sin(-2\pi + \dfrac{\pi}{4}) = \sin\dfrac{\pi}{4} = \dfrac{\sqrt{2}}{2},$

$\cos(-\dfrac{7\pi}{4}) = \cos(-2\pi + \dfrac{\pi}{4}) = \cos\dfrac{\pi}{4} = \dfrac{\sqrt{2}}{2},$

$\tan(-\dfrac{7\pi}{4}) = \tan(-2\pi + \dfrac{\pi}{4}) = \tan\dfrac{\pi}{4} = 1,$

$\cot(-\dfrac{7\pi}{4}) = \cot(-2\pi + \dfrac{\pi}{4}) = \cot\dfrac{\pi}{4} = 1.$

**练习**

求角 $420°$ 和 $-\dfrac{11\pi}{6}$ 的正弦、余弦、正切及余切函数值.

# 习题 4.4

1. 已知角 $\alpha$ 终边上的一点 $P(-3,-4)$，求角 $\alpha$ 的正弦、余弦、正切及余切函数值.

2. 由下列条件分别确定角 $\alpha$ 所在的象限.

(1) $\sin\alpha > 0$ 且 $\cos\alpha > 0$; (2) $\sin\alpha$ 和 $\tan\alpha$ 异号;

(3) $\sin\alpha \cdot \cos\alpha < 0$; (4) $\cos\alpha$ 和 $\cot\alpha$ 同号.

3. 确定下列积或商的符号.

(1) $\sin125°\cos220°$; (2) $\dfrac{\sin68°15'}{\cot122°31'}$.

4. 计算.

(1) $\cos180° + \sin^2 60° + \tan45° - \cos^2 30° + \sin30° + \cot270°$;

(2) $7\cos270° + 12\sin0° + 2\tan0°$;

(3) $\cos\dfrac{\pi}{3} - \tan\dfrac{\pi}{4} + \dfrac{3}{4}\tan^2\dfrac{\pi}{6} - \sin\dfrac{\pi}{6} + \cos^2\dfrac{\pi}{6} + \sin\dfrac{3\pi}{2}$;

(4) $\sqrt{2}\cos90° - 5\sin270° + \dfrac{\sqrt{3}}{3}\tan180°$.

5. 化简.

(1) $m \cdot \sin\dfrac{3\pi}{2} - \dfrac{n\sin\dfrac{\pi}{2}}{\cos\pi} + p\tan\pi$;

(2) $a^2\cos2\pi - b^2\sin\dfrac{3\pi}{2} + ab\cos\pi - ab\cos0°$;

(3) $a^2\sin\dfrac{\pi}{2} + 2ab\cos\pi + \dfrac{b^2}{\cos^2 0°} - 10\cot\dfrac{\pi}{2}$;

(4) $\sin270° - 2\cos360° - \tan180° + a^2\sin0°$;

(5) $m\tan0° + n\cos\dfrac{\pi}{2} - p\sin\pi - q\cos\dfrac{3\pi}{2} - r\sin2\pi$.

# 4.5 三角函数的基本关系式

根据三角函数的定义，可推得同角三角函数的基本关系：

**平方关系**：$\sin^2\alpha + \cos^2\alpha = 1$.

**商数关系**：$\tan\alpha = \dfrac{\sin\alpha}{\cos\alpha}$ $(\alpha \neq \dfrac{\pi}{2} + k\pi,\ k \in \mathbf{Z})$;

$$\cot\alpha = \dfrac{\cos\alpha}{\sin\alpha}\ (\alpha \neq k\pi,\ k \in \mathbf{Z}).$$

**倒数关系**：$\tan\alpha \cdot \cot\alpha = 1$.

上面四个公式统称为三角函数的**基本恒等式**.

下面只证明平方关系 $\sin^2\alpha + \cos^2\alpha = 1$，其余读者自己证明.

$$\sin^2\alpha + \cos^2\alpha = (\frac{y}{r})^2 + (\frac{x}{r})^2 = \frac{x^2 + y^2}{r^2} = \frac{r^2}{r^2} = 1.$$

**例 1** 已知 $\sin\alpha = \dfrac{3}{5}$，且 $\alpha$ 是第二角限的角，求 $\cos\alpha$, $\tan\alpha$ 和 $\cot\alpha$ 的值.

**解** 因为 $\sin^2\alpha + \cos^2\alpha = 1$，所以

$$\cos^2\alpha = 1 - \sin^2\alpha = 1 - (\frac{3}{5})^2 = \frac{16}{25}.$$

因为 $\alpha$ 是第二象限的角，故 $\cos\alpha < 0$，所以

$$\cos\alpha = -\sqrt{\frac{16}{25}} = -\frac{4}{5},$$

$$\tan\alpha = \frac{\sin\alpha}{\cos\alpha} = \frac{\dfrac{3}{5}}{-\dfrac{4}{5}} = -\frac{3}{4},$$

$$\cot\alpha = \frac{1}{\tan\alpha} = \frac{1}{-\dfrac{3}{4}} = -\frac{4}{3}.$$

**练习**

1. 已知 $\cos\alpha = -\dfrac{3}{5}$，且 $\alpha$ 是第二角限的角，求 $\sin\alpha$, $\tan\alpha$ 和 $\cot\alpha$ 的值.

2. 已知 $\tan\alpha = -2$，且 $\alpha$ 是第四角限的角，求 $\sin\alpha$, $\cos\alpha$ 和 $\cot\alpha$ 的值.

**例2** 化简下列各三角函数式.

(1) $\dfrac{(1+\sin\alpha)(1-\sin\alpha)}{\cos\alpha}$ ;  (2) $\dfrac{\cos\alpha-\sin\alpha}{\cot\alpha-1}$ ;

(3) $\cot^2\alpha\,(\tan^2\alpha-\sin^2\alpha)$

**解**  (1) 原式 $=\dfrac{1-\sin^2\alpha}{\cos\alpha}$

$=\dfrac{\cos^2\alpha}{\cos\alpha}$

$=\cos\alpha.$

(2) 原式 $=\dfrac{\cos\alpha-\sin\alpha}{\dfrac{\cos\alpha}{\sin\alpha}-1}$

$=\dfrac{\cos\alpha-\sin\alpha}{\dfrac{\cos\alpha-\sin\alpha}{\sin\alpha}}$

$=\sin\alpha.$

(3) 原式 $=\cot^2\alpha\cdot\tan^2\alpha-\cot^2\alpha\cdot\sin^2\alpha$

$=1-\cos^2\alpha$

$=\sin^2\alpha.$

# 习题 4.5

1. 已知 $\cos\alpha=\dfrac{3}{5}$，$0<\alpha<\dfrac{\pi}{2}$，求 $\sin\alpha,\tan\alpha$ 和 $\cot\alpha$ 的值.

2. 已知 $\sin\alpha=-\dfrac{3}{5}$，且 $\alpha$ 在第四象限，求 $\cos\alpha,\tan\alpha$ 和 $\cot\alpha$ 的值.

3. 已知 $\tan\alpha=2$，且 $\alpha$ 在第三象限，求 $\sin\alpha,\cos\alpha$ 和 $\cot\alpha$ 的值.

4. 已知 $\cot\alpha=-3$，且 $\alpha$ 在第二象限，求 $\sin\alpha,\cos\alpha$ 和 $\tan\alpha$ 的值.

5. 化简下列三角函数式.

(1) $\cos\alpha\tan\alpha$ ;  (2) $(1+\tan^2\alpha)\cos^2\alpha$;

(3) $\dfrac{\sin\alpha\cos\alpha}{1-\sin^2\alpha}$ ;  (4) $\dfrac{1-\cos^2\beta}{\sin^2\beta-1}-\tan\beta\cdot\cot\beta.$

6. 证明下列恒等式.

(1) $\tan^2\theta-\sin^2\theta=\tan^2\theta\cdot\sin^2\theta$;

(2) $\cos^4\theta+\sin^2\theta\cos^2\theta+\sin^2\theta=1.$

# 4.6　函数 $y = A\sin(\omega x + \varphi)$ 的图像和性质

## 4.6.1　正弦函数 $y = \sin x$ 的图像

正弦函数 $y = \sin x$ 的定义域是 **R**，先在区间 $[0, 2\pi]$ 上，用描点法作它的图像. 作图步骤如下：

(1) 列表 4.6-1：

表 4.6-1

| $x$ | 0 | $\dfrac{\pi}{6}$ | $\dfrac{\pi}{3}$ | $\dfrac{\pi}{2}$ | $\dfrac{2\pi}{3}$ | $\dfrac{5\pi}{6}$ | $\pi$ | $\dfrac{7\pi}{6}$ | $\dfrac{4\pi}{3}$ | $\dfrac{3\pi}{2}$ | $\dfrac{5\pi}{3}$ | $\dfrac{11\pi}{6}$ | $2\pi$ |
|---|---|---|---|---|---|---|---|---|---|---|---|---|---|
| $y=\sin x$ | 0 | 0.5 | 0.87 | 1 | 0.87 | 0.5 | 0 | $-0.5$ | $-0.87$ | $-1$ | $-0.87$ | $-0.5$ | 0 |

(2) 描点：以表中对应的 $x, y$ 的值为坐标，在坐标系中描点.

(3) 连线：将所描 12 个点用光滑曲线顺次连接起来，这条曲线就是 $y = \sin x$ 在 $[0, 2\pi]$ 上的图像，如图 4.6-1.

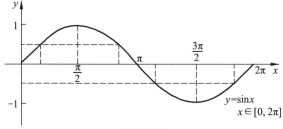

图 4.6-1

因为终边相同的角的正弦函数值相等，即

$$\sin(x+2k\pi) = \sin x, \quad k \in \mathbf{Z},$$

所以，正弦函数 $y = \sin x$ 在区间…，$[-2\pi, 0]$，$[2\pi, 4\pi]$，$[4\pi, 6\pi]$，…上的图像，都与它在区间 $[0, 2\pi]$ 上的图像的形状完全一样，只是位置不同. 所以，我们把正弦函数 $y = \sin x$ 在区间 $[0, 2\pi]$ 上的图像向左、右分别平移 $2\pi, 4\pi, 6\pi$，…个单位，就能得到正弦函数 $y = \sin x$ $(x \in \mathbf{R})$ 的图像. 正弦函数 $y = \sin x$ $(x \in \mathbf{R})$ 的图像叫做**正弦曲线**，如图 4.6-2.

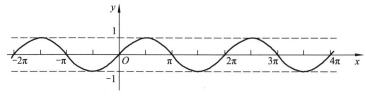

图 4.6-2　正弦曲线

由 $y = \sin x$ $(x \in [0, 2\pi])$的图像可以看出，下面五个点在确定图像形状时起着关键作用：

$$(0, 0), \ (\frac{\pi}{2}, 1), \ (\pi, 0), \ (\frac{3\pi}{2}, 1), \ (2\pi, 0)$$

这五个点描出后，正弦函数 $y = \sin x (x \in [0, 2\pi])$的图像形状就基本确定. 今后，我们只要找出这五个点，就可以描点画简图. 这种作图法称为**五点法**. 五点法作图列表 4.6-2.

表 4.6-2

| $x$ | 0 | $\frac{\pi}{2}$ | $\pi$ | $\frac{3\pi}{2}$ | $2\pi$ |
|---|---|---|---|---|---|
| $y = \sin x$ | 0 | 1 | 0 | $-1$ | 0 |

**例 1** 用五点法画出函数 $y = \sin x + 1$ 在$[0, 2\pi]$上的简图.

**解** (1) 列表 4.6-3：

表 4.6-3

| $x$ | 0 | $\frac{\pi}{2}$ | $\pi$ | $\frac{3\pi}{2}$ | $2\pi$ |
|---|---|---|---|---|---|
| $y = \sin x$ | 0 | 1 | 0 | $-1$ | 0 |
| $y = \sin x + 1$ | 1 | 2 | 1 | 0 | 1 |

(2) 描点并连线(见图 4.6-3)：

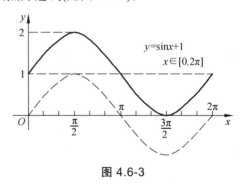

图 4.6-3

## 4.6.2 正弦函数 $y = \sin x$ 的性质

(1) 定义域：正弦函数 $y = \sin x$ 的定义域是 **R**.

(2) 值域：因为$|\sin x| \leqslant 1$，所以，**正弦函数的值域是**$[-1, 1]$.

通过分析正弦函数的图像可知：当 $x = \frac{\pi}{2} + 2k\pi (k \in \mathbf{Z})$

时，正弦函数 $y=\sin x$ 取得最大值 1；当 $x=\dfrac{3\pi}{2}+2k\pi(k\in\mathbf{Z})$

时，正弦函数 $y=\sin x$ 取得最小值 $-1$.

(3) 周期性：由于终边相同的角的正弦函数值相等，即，

$$\sin(x+2k\pi)=\sin x,\quad k\in\mathbf{Z},$$

所以，$y=\sin x$ 在变化过程中，$x$ 每增大或减小 $2k\pi(k\in\mathbf{Z}$ 且 $k\neq 0)$时，函数值重复出现. 于是，我们就称 $y=\sin x$ 为**周期函数**，$2k\pi(k\in\mathbf{Z}$ 且 $k\neq 0)$是它的**周期**（周期常用 $T$ 表示），其中 $T=2\pi$ 是正弦函数 $y=\sin x$ 的**最小正周期**. 今后我们所说的周期都是指最小正周期.

函数周期性在图像上的反映就是，同一形状的函数图像重复出现. 因此，周期函数的图像一般只画一个周期的图像.

(4) 对称性：**正弦函数 $y=\sin x$ 的图像关于原点对称.**

(5) 单调性：观察正弦曲线在一个周期$[-\dfrac{\pi}{2},\dfrac{3\pi}{2}]$上的图像，当 $x$ 由 $-\dfrac{\pi}{2}$ 增大到 $\dfrac{\pi}{2}$ 时，曲线逐渐上升，函数 $y=\sin x$ 的值由 $-1$ 增大到 1；当 $x$ 由 $\dfrac{\pi}{2}$ 增大到 $\dfrac{3\pi}{2}$ 时，曲线逐渐下降，函数 $y=\sin x$ 的值由 1 减小到 $-1$.

因此，**正弦函数 $y=\sin x$ 在区间$[-\dfrac{\pi}{2},\dfrac{\pi}{2}]$上是增函数，在区间$[\dfrac{\pi}{2},\dfrac{3\pi}{2}]$上是减函数.**

**例 2** 利用正弦函数的单调性比较下列函数值的大小.

(1) $\sin(-\dfrac{\pi}{5})$ 与 $\sin\dfrac{\pi}{5}$；　　　　(2) $\sin\dfrac{3\pi}{4}$ 与 $\sin\dfrac{5\pi}{8}$.

**解** (1) 因为 $-\dfrac{\pi}{2}<-\dfrac{\pi}{5}<\dfrac{\pi}{5}<\dfrac{\pi}{2}$，且正弦函数在 $\left[-\dfrac{\pi}{2},\dfrac{\pi}{2}\right]$ 上是增函数，所以

$$\sin(-\dfrac{\pi}{5})<\sin\dfrac{\pi}{5}.$$

(2) 因为 $\dfrac{\pi}{2}<\dfrac{5\pi}{8}<\dfrac{3\pi}{4}<\dfrac{3\pi}{2}$，且正弦函数在 $\left[\dfrac{\pi}{2},\dfrac{3\pi}{2}\right]$ 上是减函数，所以

$$\sin\dfrac{5\pi}{8}>\sin\dfrac{3\pi}{4},$$

即 $\sin\dfrac{3\pi}{4}<\sin\dfrac{5\pi}{8}$.

**练习** 利用正弦函数的单调性比较下列函数值的大小.

(1) $\sin\dfrac{\pi}{4}$ 与 $\sin\dfrac{3\pi}{7}$;　　　　　(2) $\sin(-\dfrac{\pi}{3})$ 与 $\sin(-\dfrac{\pi}{4})$.

### 4.6.3　函数 $y = A\sin(\omega x + \varphi)$ 的图像

在物理和工程技术的许多问题中，常会遇到形如

$$y = A\sin(\omega x + \varphi) \quad (\text{其中 } A, \omega, \varphi \text{ 都是常数}, A > 0)$$

的函数. 通常把这种函数称为**正弦型函数**，其图像称为**正弦型曲线**. 其中常数 $A$ 称为曲线的振幅；$T = \dfrac{2\pi}{|\omega|}$ 称为曲线的周期；点 $(-\dfrac{\varphi}{\omega}, 0)$ 称为曲线的"**起点**".

下面讨论正弦型函数 $y = A\sin(\omega x + \varphi)$ 的图像以及式中常数对图像的影响.

**例 3**　用五点法作出函数 $y = 3\sin(2x - \dfrac{\pi}{4})$ 在一个周期内的图像.

**分析**　用五点

$$(0, 0), \quad (\dfrac{\pi}{2}, 1), \quad (\pi, 0), \quad (\dfrac{3\pi}{2}, -1), \quad (2\pi, 0)$$

可以作出正弦函数 $y = \sin x$ 在一个周期 $0 \sim 2\pi$ 上的图像. 因此么我们可以将函数 $y = 3\sin(2x - \dfrac{\pi}{4})$ 的角看成一个整体，设 $X = 2x - \dfrac{\pi}{4}$，则原函数可化成 $y = 3\sin X$，它是正弦函数的 3 倍，可用五点法画图.

**解**　设 $X = 2x - \dfrac{\pi}{4}$，则原函数可化成 $y = 3\sin X$.

(1) 列表 4.6-4：

表 4.6-4

| $x = \dfrac{X + \dfrac{\pi}{4}}{2}$ | $\dfrac{\pi}{8}$ | $\dfrac{3\pi}{8}$ | $\dfrac{5\pi}{8}$ | $\dfrac{7\pi}{8}$ | $\dfrac{9\pi}{8}$ |
|---|---|---|---|---|---|
| $X = 2x - \dfrac{\pi}{4}$ | $0$ | $\dfrac{\pi}{2}$ | $\pi$ | $\dfrac{3\pi}{2}$ | $2\pi$ |
| $y = 3\sin X$ | $0$ | $3$ | $0$ | $-3$ | $0$ |

(2) 描点：在直角坐标系中描点

$(\dfrac{\pi}{8}, 0)$, $(\dfrac{3\pi}{8}, 3)$, $(\dfrac{5\pi}{8}, 0)$, $(\dfrac{7\pi}{8}, -3)$, $(\dfrac{9\pi}{8}, 0)$;

(3) 连线：将所描的五个点用光滑曲线按正弦曲线的变化趋势顺次连接，得到函数 $y = 3\sin(2x - \dfrac{\pi}{4})$ 在一个周期 $[\dfrac{\pi}{8}, \dfrac{9\pi}{8}]$ 上的图像. 如图 4.6-4（a）所示.

从图 4.6-4（b）中可以看出，函数 $y = 3\sin(2x - \dfrac{\pi}{4})$ 的图像可以由正弦曲线 $y = \sin x$ 经过周期、"起点"和振幅的变化而得到.

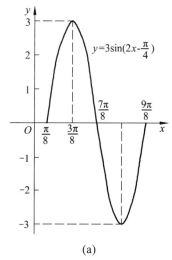

(a)

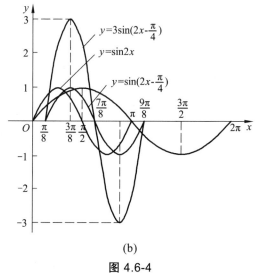

(b)

图 4.6-4

将 $y = \sin x$ 图像上所有点的纵坐标不变，横坐标缩短到原来的 $\dfrac{1}{2}$ 倍，得到 $y = \sin 2x$ 的图像；再将 $y = \sin 2x$ 图像上所

有的点向右平移 $\dfrac{\pi}{8}$ 个单位，得到 $y = \sin(2x - \dfrac{\pi}{4})$ 的图像；最

后将 $y = \sin(2x - \dfrac{\pi}{4})$ 的图像上所有点的横坐标不变，纵坐标

伸长到原来的 3 倍，得到 $y = 3\sin(2x - \dfrac{\pi}{4})$ 的图像.

一般地，当用函数 $y = A\sin(\omega x + \varphi)(A>0, \omega>0, x\geqslant 0)$ 表示一个振动量时，$A$ 就表示这个振动量振动时离开平衡位置的最大距离，叫做这个振动的**振幅**；往返振动一次所需要的时间

$$T = \frac{2\pi}{\omega},$$

叫做振动的**周期**；单位时间内往返振动的次数

$$f = \frac{1}{T} = \frac{\omega}{2\pi},$$

叫做振动的**频率**；$\omega x + \varphi$ 叫做相位；$\varphi$ 叫做初相（即当 $x = 0$ 时的相位）.

**例 4** 已知正弦交流电 $i$(A)随时间 $t$(s)的变化曲线如图 4.6-5 所示，试写出 $i$ 与 $t$ 之间的函数关系式.

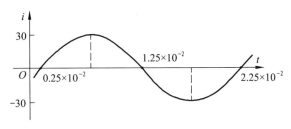

**图 4.6-5**

**解** 由于曲线是正弦型曲线，故设所求的函数关系式为

$$i = A\sin(\omega t + \varphi).$$

由图知道：

振幅：$A = 30$(A)；

周期：$T = 2.25\times10^{-2} - 0.25\times10^{-2} = 2\times10^{-2}$ （s）；

起点坐标：$(0.25\times10^{-2}, 0)$，

所以

$$\frac{2\pi}{\omega} = 2\times10^{-2}.$$

$$-\frac{\varphi}{\omega} = 0.25\times10^{-2}.$$

则

$$\omega = \frac{2\pi}{2\times 10^{-2}} = 100\pi;$$

$$\varphi = -100\pi \times 0.25 \times 10^{-2} = -\frac{\pi}{4}.$$

因此，所求函数关系式为

$$i = 30\sin(100\pi t - \frac{\pi}{4}).$$

## 习题 4.6

1. 用五点法画出下列函数在区间$[0, 2\pi]$上的简图.

(1) $y = \sin x - 1$；　　　　　(2) $y = 2\sin x$.

2. 用五点法作出下列函数在一个周期内的图像.

(1) $y = \frac{1}{2}\sin x$；　　　　　(2) $y = \sin 3x$；

(3) $y = \sin(x + \frac{2\pi}{3})$；　　　　(4) $y = 4\sin(\frac{1}{2}x - \frac{\pi}{6})$.

3. 如下图，已知正弦交流电 $i$(A)随时间 $t$(s)的变化曲线，试写出 $i$ 与 $t$ 之间的函数关系式.

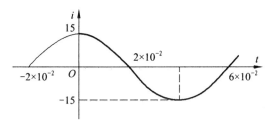

第 3 题图

# 4.7 解直角三角形

三角形的三条边与三个角叫做**三角形的基本元素**. 由三角形已知的基本元素，求三角形未知的基本元素，叫做**解三角形**. 在没有特殊要求的情况下，本书中求解三角形时，边长保留 4 位小数，角度精确到 1′.

直角三角形中各元素之间的关系如图 4.7-1，在 Rt△$ABC$ 中，$\angle C = 90°$.

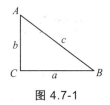

图 4.7-1

(1) 三边之间的关系(勾股定理)：

$$a^2 + b^2 = c^2.$$

(2) 两锐角之间的关系：

$$\angle A + \angle B = 90°$$

(3) 边角之间的关系：

$$\sin A = \frac{对边}{斜边} = \frac{a}{c}; \quad \cos A = \frac{邻边}{斜边} = \frac{b}{c};$$

$$\tan A = \frac{对边}{邻边} = \frac{a}{b}; \quad \cot A = \frac{邻边}{对边} = \frac{b}{a}.$$

**例 1** 如图 4.7-2，在 Rt△$ABC$ 中，$\angle C = 90°$，$AC = \sqrt{2}$，$BC = \sqrt{6}$，解这个直角三角形.

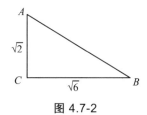

图 4.7-2

**解**

$$AB = \sqrt{AC^2 + BC^2} = \sqrt{(\sqrt{2})^2 + (\sqrt{6})^2} = 2\sqrt{2}.$$

因为

$$\tan A = \frac{BC}{AC} = \frac{\sqrt{6}}{\sqrt{2}} = \sqrt{3},$$

所以

$$\angle A = 60°.$$
$$\angle B = 90° - \angle A = 90° - 60° = 30°.$$

**例 2** 在 Rt△ABC 中，∠C = 90°，∠B = 35°，b = 20，解这个直角三角形.

**解**

$$\angle A = 90° - \angle B = 90° - 35° = 55°.$$

因为 $\tan B = \dfrac{b}{a}$，所以

$$a = \frac{b}{\tan B} = \frac{20}{\tan 35°} \approx 28.5630.$$

因为 $\sin B = \dfrac{b}{c}$，所以

$$c = \frac{b}{\sin B} = \frac{20}{\sin 35°} \approx 34.8689.$$

**练习** 在 Rt△ABC 中，∠C = 90°，根据下列条件解直角三角形.

(1) a = 30，b = 20；    (2) ∠B = 72°，c = 14.

**例 3** 如图 4.7-1，要想使人安全地攀上斜靠在墙面上的梯子的顶端，梯子与地面所成的角 α 一般要满足 50° ≤ α ≤ 75°. 现有一个长为 6 m 的梯子，问：

(1) 使用这个梯子最高可以安全攀上多高的墙（精确到 0.1 m）；

(2) 当梯子底端距离墙面 2.4 m 时，梯子与地面所成的角 α 等于多少（精确至 1′）？这时人能否安全使用这个梯子？

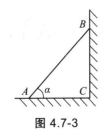

**图 4.7-3**

**解** (1) 如图 4.7-3，在 Rt△ABC 中，已知 ∠A = 75°，斜边 AB = 6. 由 $\sin A = \dfrac{BC}{AB}$ 得

$$BC = AB \cdot \sin A = 6 \times \sin 75° \approx 5.8.$$

因此使用这个梯子能够安全攀到墙面的最大高度约为 5.8 m.

(2) 在 Rt△ABC 中，已知 AC = 2.4，斜边 AB = 6，求锐角 α 的度数.

因为

$$\cos \alpha = \frac{AC}{AB} = \frac{2.4}{6} = 0.4,$$

所以 α ≈ 66°25′. 由 50° < 66°25′ < 75°可知，此时使用这个梯子是安全的.

**例 4**  如图 4.7-4，甲船在 A 处发现乙船在北 60°东的 B 处，乙船以每小时 a 海里的速度向正北行驶. 已知甲船的速度是每小时 $\sqrt{3}\,a$ 海里，问甲船应朝什么方向前进，才能最快与乙船相遇.

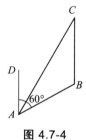

**图 4.7-4**

**解**  如图 4.7-4，∠DAB = 60°，设甲船 t 小时后在 C 处与乙船相遇. 在△ABC 中，

$$AC = \sqrt{3}\,at.$$
$$BC = at.$$
$$\angle B = 180° - 60° = 120°.$$

由正弦定理，得

$$\frac{\sqrt{3}at}{\sin 120°} = \frac{at}{\sin \angle CAB}.$$

所以 $\sin \angle CAB = \frac{1}{2}$，所以

$$\angle CAB = 30°.$$

所以

$$\angle DAC = 60° - 30° = 30°.$$

答：甲船应朝北 30°东方向前进，才能最快与乙船相遇.

## 习题 4.7

1. 按下列条件，解直角三角形.

(1) 已知 $c = 300$，$A = 36°52'$；

(2) 已知 $a = 42$，$B = 39°15'$；

(3) 已知 $a = 12$，$c = 110$；

(4) 已知 $a = 22.5$，$b = 12$.

2. 如下图，$\triangle ABC$ 中，$AB = AC$，$\angle BAC = 120°$，$BC = 2\sqrt{3}$，求 $\triangle ABC$ 的周长.

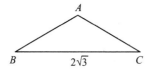

3. 如下图，厂房屋顶（等腰三角形）的跨度为 10 m，$\angle B = 36°$，求中柱 $AD$（$D$ 为底边中点）和上弦 $AB$ 的长（结果精确到 0.01 m）.

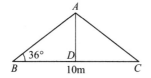

4. 从高出海平面 55 m 的灯塔收到一艘帆船的求助信号，从灯塔看帆船的俯角为 21°，帆船距灯塔有多远（结果精确到 1 m）？（要求作图）

5. 在山坡上种树，要求株距（相邻两树间的水平距离）是 5.5 m，测得斜坡的倾斜角是 24°，求斜坡上相邻两树间的坡面距离（结果精确到 0.1 m）.

6. 某船的南 30°东的海面上有一灯塔，船以 30 海里/小时的速度向正南方向航行半小时后，看到这灯塔在船的正东方向. 问这时船与灯塔的距离是多少海里？（精确到 0.1 海里）

# 4.8 解斜三角形

前面，我们学过直角三角形的解法，本节将利用正弦定理和余弦定理，学习斜三角形的解法.

## 4.8.1 正弦定理

**正弦定理** 在任意三角形中，各边与它所对角的正弦之比相等，并且都等于三角形外接圆的直径，即

$$\frac{a}{\sin A} = \frac{b}{\sin B} = \frac{c}{\sin C} = 2R.$$

利用正弦定理解斜三角形，主要有以下两种情形：

(1) 已知两角和一边，求其他基本元素.

(2) 已知两边和其中一边的对角，求其他基本元素.

**例 1** 如图 4.8-1 所示，在 $\triangle ABC$ 中，已知 $a = 5$，$\angle B = 45°$，$\angle C = 105°$，求 $\angle A, b, c$.

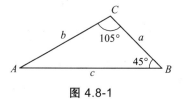

**图 4.8-1**

**解** 因为

$$\angle A + \angle B + \angle C = 180°,$$

所以

$$\angle A = 180° - \angle B - \angle C = 180° - 45° - 105° = 30°.$$

由正弦定理，得

$$\frac{5}{\sin 30°} = \frac{b}{\sin 45°} = \frac{c}{\sin 105°}.$$

所以

$$b = \frac{5\sin 45°}{\sin 30°} \approx 7.0711,$$

$$c = \frac{5\sin 105°}{\sin 30°} \approx 9.6593.$$

**例 2** 在 $\triangle ABC$ 中，已知 $b = 10$，$c = 6$，$\angle B = 60°$，求

$a, \angle A, \angle C.$

**解**　由正弦定理，得

$$\frac{10}{\sin 60°} = \frac{6}{\sin C}.$$

所以

$$\sin C = \frac{6\sin 60°}{10} \approx 0.5196.$$

因为 $c < b$，所以 $\angle C < \angle B$，即 $\angle C$ 只能是锐角，所以

$$\angle C \approx 31°18'.$$

所以

$$\angle A = 180° - 60° - 31°18' = 88°42'.$$

由正弦定理，得

$$a = \frac{b\sin A}{\sin B} = \frac{10\sin 88°42'}{\sin 60°} \approx 11.5440.$$

**练习**

1. 在 $\triangle ABC$ 中，已知 $a = 2$，$b = 6$，$\angle B = 135°$，求 $\angle A$，$\angle C, c.$

2. 在 $\triangle ABC$ 中，已知 $c = \sqrt{3}$，$\angle B = 60°$，$\angle A = 45°$，求 $\angle C$，$a, b.$

## 4.8.2　余弦定理

**余弦定理**　在任意三角形中，任何一边的平方等于其他两边的平方和，减去这两边与它们夹角的余弦乘积的 2 倍，即

$$a^2 = b^2 + c^2 - 2bc\cos A,$$
$$b^2 = c^2 + a^2 - 2ca\cos B,$$
$$c^2 = a^2 + b^2 - 2ab\cos C.$$

利用余弦定理解斜三角形，主要有以下两种情形：

(1) 已知两边及其夹角，求其他基本元素；

(2) 已知三边，求其他基本元素.

**例 3**　在 $\triangle ABC$ 中，已知 $\angle A = 41°$，$b = 60$，$c = 34$，求 $a, \angle B, \angle C.$

**解**　由余弦定理，得

$$a^2 = 60^2 + 34^2 - 2 \times 60 \times 34\cos 41° \approx 1676.78491,$$

所以 $a \approx 40.9486$.

由正弦定理，得

$$\sin C = \frac{c \sin A}{a} = \frac{34 \sin 41°}{40.9486} \approx 0.5447,$$

所以 $\angle C \approx 33°$.

所以

$$\angle B = 180° - \angle A - \angle C \approx 180° - 41° - 33° = 106°.$$

**注意：用正弦定理求角时，尽可能先求短边所对的角，** 以避免考虑钝角、锐角的问题，因为短边所对的角一定是锐角.

**例 4**　在 $\triangle ABC$ 中，已知 $a = 5$，$b = 7$，$c = 4$，求 $\angle A$，$\angle B$，$\angle C$.

**解**　由余弦定理，得

$$\cos C = \frac{a^2 + b^2 - c^2}{2ab} = \frac{5^2 + 7^2 - 4^2}{2 \times 5 \times 7} \approx 0.8286,$$

所以 $\angle C \approx 34°3'$.

由正弦定理，得

$$\sin A = \frac{a \sin C}{c} = \frac{5 \sin 34°3'}{4} \approx 0.6999,$$

所以 $\angle A \approx 44°25'$.

所以

$$\angle B = 180° - \angle A - \angle C \approx 180° - 44°25' - 34°3' = 101°32'.$$

**练习**

1. 在 $\triangle ABC$ 中，已知 $a = \sqrt{6}$，$b = 2$，$c = \sqrt{3} - 1$，求 $\angle A$，$\angle B$，$\angle C$.

2. 在 $\triangle ABC$ 中，已知 $a = 3$，$b = 2$，$\angle C = 60°$，求 $c$，$\angle A$，$\angle B$.

# 习题 4.8

1. 按下列已知条件，解斜角三角形.

(1) $b = 12$，$\angle A = 30°$，$\angle B = 120°$；

(2) $c = 4$，$\angle A = 45°10'$，$\angle C = 70°10'$；

(3) $b = 40$，$c = 45$，$\angle C = 20°$；

(4) $a = 35$，$b = 24$，$\angle C = 60°$；

(5) $a = 61$，$b = 56$，$c = 9$；

(6) $a = 3\sqrt{3}$，$c = 2$，$\angle B = 150°$.

2. 如下图所示，为了在一条河上建一座桥，施工前在河两岸打上两个桥桩 $A$ 和 $B$. 要精确测量出 $A$, $B$ 两点间的距离，测量人员在岸边定出基线 $BC$，测得 $BC = 78.35$ m，$\angle B = 69°43'$，$\angle C = 41°12'$，求 $AB$ 的长（精确到 1 cm）.

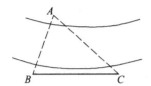

# 4.9　专业应用题

1.　如下图所示，$A = 135$ mm，$B = 220$ mm，$r = 55$ mm，$R = 195$ mm，求成形钢丝的展开长（计算结果精确到 1 mm）.（忽略钢丝直径）

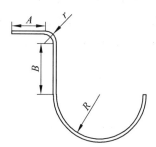

2. 钢板弯曲成形，形状如下图所示，已知弯曲角 $\alpha = 60°$，$A = 300$ mm，$B = 240$ mm，$R = 50$ mm，试求钢板展开长为多少（计算结果精确到 1 mm）？（板厚影响不计）

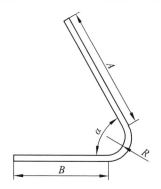

3. 利用钻床钻孔. 如下图所示，现需钻深 $H = 30$ mm，直径 $D = 18$ mm 的孔. 已知钻头顶角 $\Phi = 120°$，钻削速度 $v = 25$ mm/min，轴向进给量为 0.22 mm/r（毫米/转），求钻孔所需的机床运动时间 $T$ 为多少（计算结果精确到 1 s）？

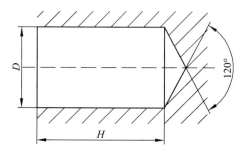

4. 某电压为 $u = 220\sqrt{2}\sin(100\pi t + 30°)$伏的交流电源，其电压有效值 $U_{有效} = 220$ V，求该电源的初相角 $\varphi$、电压幅

值 $U$、电压变化周期.

5. 一铁链的破断拉力 $S = 10.2\,t$，为了安全生产，设安全系数 $n = 6$，并依图示方式起吊. 根据受力分析列出受力方程：

$$Q_{\max} = 4 \times \frac{1}{n} \times S \times \cos 30°,$$

试求最大起重量 $Q_{\max}$（计算结果精确到 $1\,kg$）.

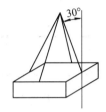

第 5 题图

6. 如下图，$A$ 点的坐标 $(1000，1000)$，$B$ 点的坐标 $(900，1100)$，$\overrightarrow{BP}$ 为 $300\,m$，$\overrightarrow{AP}$ 所对应夹角为 $85°$，试求 $\overrightarrow{AP}$ 之长（计算结果精确到 $0.01\,m$）

（两点间的距离公式 $|AB| = \sqrt{(x_1 - x_2)^2 + (y_1 - y_2)^2}$ ）

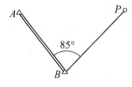

第 6 题图

7. 如下图，测得斜坡长 $L = 50\,m$，斜坡倾角 $\alpha = 15°$. 受测量仪器精度影响，测量长度误差 $m_L = \pm 0.05\,m$，测量角度误差 $m_\alpha = 30''$. 求：

(1) 坡长 $L$ 对应的水平投影长 $D$；

(2) 根据误差倍数函数理论，水平投影长的误差 $m_D = \pm |m_L \cos m_\alpha|$，试求出水平投影长的误差 $m_D$ 为多少？（计算结果精确到 $1\,mm$）

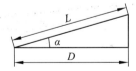

8. 钻头柄部采用 $\triangleleft = 1 : 20$ 莫氏锥度制造（$\triangleleft = 2\tan\alpha$），测得柄部锥度大端直径 $D = 20\,mm$，小端直径 $d = 12\,mm$，试求锥度部分长 $L$ 为多少毫米？

9. 下面的矢量图表达的是电感、电阻串联电路中电压与电流之间的关系，已知 $\overline{U}_L = 220\sqrt{2}$ V，$\varphi_L = 53°$，求 $\overline{U}_L$ 在水平方向的投影 $U_{LX}$ 和 $\overline{U}_L$ 在垂直方向的投影 $U_{LY}$（计算结果精确到 0.01 V）.

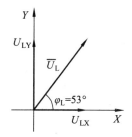

10. 如下图，已知桅杆的长度为 24 m，倾斜角 $\alpha = 75°$，求桅杆顶端距地面 $H$ 是多少？若拖拉绳桩锚距桅杆座 35 m，求拖拉绳与地面之间倾斜角 $\beta$、拖拉绳长度 $L$ 分别为多少（计算结果精确到 1 cm）？

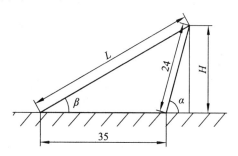

11. 如下图，为了测量山坡 $B$ 与 $C$ 两点间的地势差，测量技工在两处均设有观测标志杆，其杆长 $l = 2.2$ m. 在 $A$ 点使用经纬仪测得仰角 $\alpha = +4°10'15''$，俯角 $\beta = -5°05'10''$. 已知水平距离 $AB = 183.372$ m，$AC = 190.862$ m，求 $B$ 与 $C$ 间的高度差 $h_{BC}$（计算结果精确到 0.001 m）.

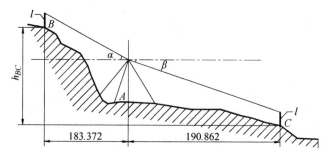

# 5 单位换算与常用几何知识

## 5.1 长度单位

长度单位是丈量空间距离的基本单元,是人类为了规范长度而制定的基本单位.

日常生活、生产、科研中经常使用长度单位.例如,一个人的身高,运动会上跳远运动员跳出的距离,汽车行驶的里程等都要用测量仪进行测量,都用到了长度单位.

目前,我国使用的长度单位是国际标准的长度单位(公制).除国际标准的长度单位外,还有我国传统的长度单位(市制)和少数欧美国家使用的长度单位(英制).

### 5.1.1 国际标准的公制长度单位

国际单位制中,长度的标准单位是米(m).其他长度单位还有千米(km)、分米(dm)、厘米(cm)、毫米(mm)、丝米(dmm)、忽米(cmm)、微米(μm)、纳米(nm)等等.

1km = 1000m;

$1m = 10dm = 10^2cm = 10^3mm = 10^4dmm = 10^5cmm = 10^6\mu m = 10^9nm.$

### 5.1.2 我国传统的市制长度单位

我国传统的市制长度单位有里、丈、尺、寸等.

1 里 = 150 丈;

1 丈 = 10 尺 = 100 寸.

市制与公制单位换算如下:

1 里 = 500 米(m);

2 里 = 1 千米(km);

3 尺 = 1 米(m) ;

$$1 \text{ 尺} = \frac{1}{3} \text{ 米} \approx 0.333 \text{ 米(m)};$$

$$3 \text{ 丈} = 10 \text{ 米(m)};$$

$$1 \text{ 丈} = \frac{10}{3} \text{ 米} \approx 3.33 \text{ 米(m)};$$

$$3 \text{ 寸} = 10 \text{ 厘米(cm)};$$

$$1 \text{ 寸} = \frac{10}{3} \text{ 厘米} \approx 3.33 \text{ 厘米(cm)}.$$

## 5.1.3  欧美国家使用的英制长度单位

以英国和美国为主的少数欧美国家使用英制单位,其长度单位主要有英里(mile,mi)、码(yard,yd)、英尺(foot,ft)、英寸(inch,in)等.

1 英里 = 1760 码 = 5280 英尺;

1 码 = 3 英尺;

1 英尺 = 12 英寸.

英制与公制单位的换算如下:

1 英里 ≈ 1.609344 千米(km);

1 码 ≈ 0.9144 米(m);

1 英尺 ≈ 30.48 厘米(cm);

1 英寸 ≈ 2.54 厘米(cm).

此外,海上航行有长度单位海里(nautical mile).

1 海里(nmi) = 1852 米(m).

天文学中常用"光年"来做长度单位,它是真空状态下光 1 年所走过的距离,也因此被称为光年(light year).

$1 \text{ 光年(ly)} = 9.4608 \times 10^{15} \text{ 米(m)} = 9.4608 \times 10^{12} \text{ 千米(km)}.$

**练习**  单位换算:

504 厘米 = ( )米;          7.05 米 = ( )米( )厘米;

10 米 7 分米 = ( )米;      8 米 = ( )分米;

60 毫米 = ( )厘米;        3600 千米 = ( )米;

4 米 7 厘米 = ( )厘米;    1 米 - 54 厘米 = ( )厘米;

28 分米 = ( )米;          64 厘米 = ( )米;

38 米 = ( )千米;          14 分米 = ( )米;

46 厘米 = ( )分米;        10 千米 20 米 = ( )千米;

1460 米 = ( )千米;        4 米 5 分米 6 厘米 = ( )米;

5 尺 = ( )米;             1 里 = ( )千米;

1 英里 = (　　)米；　　　　1 码 = (　　)厘米；

1 英寸 = (　　)米.

## 5.1.4　常见图形的周长公式

**周长**就是封闭图形一周的长度，常见图形的周长公式如表 5.1-1.

表 5.1-1

| 名称 | 周长、弧长公式 | 说　　明 |
|---|---|---|
| 正方形 | $c = 4a$ | $c$ 为正方形的周长，$a$ 为正方形的边长 |
| 长方形 | $c = 2(a + b)$ | $c$ 为长方形的周长，$a$、$b$ 分别为长方形的长和宽 |
| 圆 | $c = \pi d = 2\pi r$ | $c$ 为圆的周长，$d$ 为圆的直径，$r$ 为圆的半径 |
| 椭圆 | $c = 2\pi b + 4(a - b)$ | $c$ 为椭圆的周长，$a$ 为椭圆的长半轴长，$b$ 为短半轴长 |
| 圆弧长 | $l = \dfrac{r}{180°} \times \pi\alpha$ | $l$ 为圆心角 $\alpha$ 所对应的弧长，$r$ 为圆的半径，$\alpha$ 以度为单位 |
| | $l = r\alpha$ | $l$ 为圆心角 $\alpha$ 所对应的弧长，$r$ 为圆的半径，$\alpha$ 以弧度为单位 |

**例 1**　如图 5.1-1 所示，求这个多边形的周长是多少？（单位：cm）

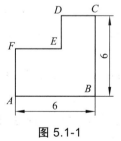

图 5.1-1

**分析**　要求这个多边形的周长，也就是求线段 $AB + BC + CD + DE + EF + FA$ 的和. 从图中可以看出

$$CD + EF = AB, \quad DE + FA = BC,$$

所以其周长为

$$AB + BC + AB + BC = 6 + 6 + 6 + 6.$$

**解** $6 \times 4 = 24$(cm).

答：这个多边形的周长为 24 cm.

**例 2** 如图 5.1-2 所示，长方形的长为 50 mm，宽为 30 mm，圆角半径 $R = 5$ mm，求其周长（精确到 1 mm）.

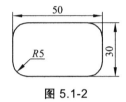

图 5.1-2

**解** 长方形的周长为 $2 \times (50 + 30) = 160$.

四个圆角的弧长共为 $4 \times 5 \times \dfrac{\pi}{2} = 10\pi$.

所以，所求周长为：

$$160 + 10\pi - 4 \times 2 \times 5 \approx 151 \text{(mm)}.$$

**例 3** 小华量得一棵树干的周长是 125.6 cm，这棵树的直径是多少厘米 (计算结果精确到 1 cm) ？

**解** 因为圆的周长 $c = \pi d$，所以

$$d = \frac{c}{\pi} = \frac{125.6}{\pi} \approx 40 \text{(cm)}.$$

答：这棵树的直径是 40 cm.

# 习题 5.1

1. 填空.

(1) 圆的直径扩大 3 倍，周长就扩大(　　)倍.

(2) 一个圆的周长是 25.12 dm，它的半径是(　　)dm，直径是(　　)dm.

(3) 在直径为 10 m 的圆形花坛外修一条 2 m 宽的小路，绕外圈走一圈，要走(　　) m.

(4) 一台拖拉机，后轮直径是前轮的 2 倍，后轮滚动 4 圈，前轮滚动(　　)圈.

2. 一个正方形的周长和一个圆的周长相等. 已知正方形的边长是 3.14 厘米，那么圆的周长是多少厘米.

3. 地球绕太阳公转的速度约是 $1.07 \times 10^5$ km/h，声音在空气中传播的速度约是 340 m/s，试比较两个速度的大小.

4. 求图"凸"字的周长. (单位：cm)

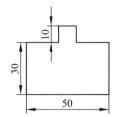

5. 求图 "E" 字的周长.(单位：cm)

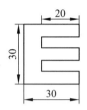

6. 下图表示零件的圆角部分，圆角半径 $R = 30$ mm，高度差 $h = 20$ mm，求圆角部分的弧长 $L$（计算结果精确到 1 mm）.

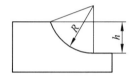

7. 一辆汽车轮胎的外径是 1.5 米,如果平均每秒转 5 周,那么通过一座长 1177.5 米的大桥,大约需要多少秒（计算结果精确到 1s）?

8. 下图所示的是一种钩子，因备料加工的需要，试据图示尺寸，求其展开长度（单位：mm）（计算结果精确到 1 mm）.

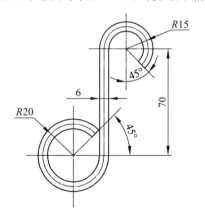

# 5.2 面积单位与面积公式

## 5.2.1 面积单位的换算

物体表面或图形的大小就是它们的**面积**.

常用的面积单位, 有公制中的平方千米(km²)、公顷(ha)、公亩(a)、平方米(m²)、平方分米(dm²)、平方厘米(cm²)、平方毫米(mm²); 市制中的亩(市亩)、平方丈、平方尺、平方寸; 英制中的平方英里(sq.mlei)、英亩(acre)、平方码(yd²)、平方英尺(ft²)、平方英寸(in²).

1 平方千米（km²）= 100 公顷（ha）= $10^4$ 公亩（a）= $10^6$ 平方米（m²）;

1 公顷（ha）= 100 公亩（a）= $10^4$ 平方米（m²）;

1 公亩（a）= 100 平方米（m²）;

1 m² = 100 dm²;

1 dm² = 100cm²;

1cm² = 100mm²;

1 亩 = 60 平方丈 = $\dfrac{2000}{3}$ 平方米（m²）≈ 666.667 平方米（m²）;

1 平方米 = 0.09 平方丈;

1 亩 = $\dfrac{1}{15}$ 公顷 ≈ 0.06667 公顷（1 公顷 = 15 亩）;

1 平方丈 = 100 平方尺 = $\dfrac{100}{9}$ 平方米（m²）≈ 11.11 平方米（m²）;

1平方尺 = $\dfrac{1}{9}$ 平方米 ≈ 0.111 平方米（1 平方米 = 9 平方尺）;

1 平方英里 = 640 英亩 ≈ $2.59 \times 10^6$ 平方米（m²）;

1 英亩 = 4840 平方码 ≈ 4046.86 平方米（m²）;

1 平方码 = 9 平方英尺 ≈ 0.8361 平方米（m²）;

1 平方英尺 = 144 平方英寸 ≈ 929.03 平方厘米（cm²）.

**练习** 单位换算:

50000 平方米 = (　　)公顷;

8 平方米 = (　　)平方分米;

208 平方分米 = (　　)平方米;

3 平方米 = (　　)平方厘米;

10 亩 = (　　)平方米;

0.06 平方千米 = (　　)公顷;

80 平方米 = ( ) 公顷；

9 平方丈 = ( ) 平方米；

3 平方米 7 平方分米 = ( ) 平方米.

## 5.2.2 常见形体的面积公式

常见形体的面积公式见表 5.2-1.

表 5.2-1

| 形体名称 | 面积公式 | 说明 |
|---|---|---|
| 正方形 | $S = a^2$ | $a$ 为正方形的边长 |
| 长方形 | $S = ab$ | $a, b$ 分别为长方形的长和宽 |
| 正方体 | $S_全 = 6a^2$ | $a$ 为正方体的棱长 |
| 长方体 | $S_全 = 2(ab + bc + ca)$ | $a, b, c$ 为长方体共顶点的三条棱长 |
| 三角形 | $S = \dfrac{1}{2} ah$ $= \dfrac{1}{2} ab\sin C$ $= \dfrac{1}{2} ca\sin B$ $= \dfrac{1}{2} bc\sin A$ $S_{正\triangle} = \dfrac{\sqrt{3}}{4} a^2$ | $h$ 为三角形边 $a$ 上的高 |
| 平行四边形 | $S = ah$ | $h$ 为平行四边形边 $a$ 上的高 |
| 梯形 | $S = \dfrac{1}{2}(a + b)h$ | $a, b$ 分别为梯形上、下底边边长，$h$ 为梯形的高 |
| 正六边形 | $S_{正六边形} = \dfrac{3\sqrt{3}}{2} a^2$ | $a$ 为正六边形的边长 |
| 圆 | $S = \pi R^2$ | $R$ 为圆的半径 |
| 椭圆 | $S = \pi ab$ | $a$ 为长半轴长，$b$ 为短半轴长 |
| 直棱柱 | $S_侧 = ch = cl$ $S_全 = S_侧 + 2S_底$ | $c$ 为底面周长，$h$ 为直棱柱的高，$l$ 为侧棱长. $h = l$ |
| 正棱锥 | $S_侧 = n \cdot \dfrac{1}{2} a h_斜 = \dfrac{1}{2} c h_斜$ $S_全 = S_侧 + S_底$ | $n$ 是底面正多边形的边数，$a$ 是底面正多边形的边长，$h_斜$ 是正棱锥的斜高（侧面等腰三角形的高），$c$ 是底面周长 |

续表 5.2-1

| 形体名称 | 面积公式 | 说明 |
|---|---|---|
| 正棱台 | $S_{侧} = \dfrac{1}{2}(c_1 + c_2)h_{斜}$ <br> $S_{全} = S_{侧} + S_{上} + S_{下}$ | $c_1, c_2$ 分别为正棱台上、下底面周长，$h_{斜}$ 为正棱台的斜高（侧面等腰梯形的高） |
| 圆柱 | $S_{侧} = 2\pi r h$ <br> $S_{全} = 2\pi r h + 2\pi r^2$ | $r$ 为圆柱底面圆半径，$h$ 为圆柱的高 |
| 圆锥 | $S_{侧} = \pi r l$ <br> $S_{全} = \pi r(r + l)$ | $r$ 为圆锥底面圆半径，$l$ 为圆锥母线长 |
| 圆台 | $S_{侧} = \pi(r_{上} + r_{下})l$ <br> $S_{全} = S_{侧} + S_{上} + S_{下}$ | $r_{上}, r_{下}$ 分别为圆台上、下底面圆半径；$l$ 为圆台的母线长 |
| 球 | $S_{球} = 4\pi R^2 = \pi D^2$ | $R$ 为球的半径，$D$ 为球的直径 |
| 球冠（带） | $S_{球冠（带）} = 2\pi R h$ | $R$ 为球的半径，$h$ 为球冠（带）的高 |

**例 1**  一个长方形的带盖水箱，其长、宽、高之比为 $3:2:1$，全面积是 $88\ dm^2$，求其长、宽、高各多少？

**解**  设长方体的高为 $x$，则其长、宽分别为 $3x, 2x$，于是

$$2(3x \cdot x + 2x \cdot x + 3x \cdot 2x) = 88.$$

解之得 $x = 2(dm)$. 从而 $2x = 4(dm)$，$3x = 6(dm)$.

答：此水箱的长为 6dm，宽为 4dm，高为 2dm.

**例 2**  如图 5.2-1(a)中，$A$ 是一节圆柱形的烟囱，它的一个底面与轴垂直，底面圆半径是 $R$，另一个底面与轴斜交. 如果烟囱的最短母线长是 $l_1$，最长母线长是 $l_2$，求制造这个烟囱所需铁皮的面积.

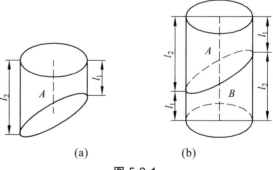

(a)　　　　(b)

**图 5.2-1**

**解**  如图 5.2-1(b)，在烟囱 $A$ 的下面接一个和 $A$ 大小完全一样的烟囱 $B$ 就拼成一个圆柱，它的底面半径是 $R$，高是

$l_1 + l_2$，显然制造烟囱所需铁皮的面积是此圆柱侧面积的一半，即

$$S_{铁皮} = \frac{1}{2} S_{侧} = \frac{1}{2} \times 2\pi r l = \pi r (l_1 + l_2).$$

**例 3** 要做一个直径 30 cm，母线长 20 cm 的圆锥形灯罩，问应该准备多大面积的材料(计算结果精确到 0.01 cm²)？裁成什么样的扇形？

**解** 所需扇形面积就是圆锥侧面积，其扇形的半径(R)和弧长(L)分别为圆锥的母线长和底面周长. 依题意，得

$$S_{侧} = \pi \times \frac{30}{2} \times 20 = 300\pi \approx 942.48 (cm^2).$$

那么扇形的半径为圆锥的母线长 $R = 20(cm)$；

扇形的弧长为圆锥底面周长 $L = c = \pi d = 30\pi (cm)$；

扇形的圆心角 $\alpha = \dfrac{L}{R} = \dfrac{30\pi}{20} = \dfrac{3\pi}{2} (rad) = 270°$.

答：应准备 942.48cm² 的材料，裁成半径为 20 cm，圆心角为 270°的扇形.

# 习题 5.2

1. 填空题.

(1) 一个圆的直径是 10 厘米，它的周长是( )厘米，面积是( )平方厘米.

(2) 一颗手榴弹爆炸后，有效的杀伤半径是 10 米，杀伤面积是( )平方米.

(3) 在一片草地的中心埋上一根柱子，在柱子上用 2 米长的绳子拴着一只羊，这只羊可以吃到的草的面积是( ).

2. 在一个周长是 80 厘米的正方形木板上，锯下一个最大的圆，这个圆的面积是多少平方厘米？

3. 一个正六棱柱的底面边长为 0.4 m，高为 5 m，在它的外面包上铁皮，如果铁皮每张宽 1 m，长 1.5 m，问最少要几张铁皮？

4. 圆柱的轴截面是一个正方形，它的侧面积是 80 cm²，求它的全面积.

5. 圆锥的高是底面直径的两倍，轴截面面积是 32 cm²，求圆锥的全面积（结果精确到 0.01 cm²）.

6. 一个直角三角形的两个直角边边长分别为 3 cm 和 4 cm，以此三角形的斜边为轴旋转一周，求所得旋转体的全面积（结果精确到 0.01 cm²）.

7. 在电镀前，要计算镀件的表面积，试计算如下图所示六角螺母的电镀面积（结果精确到 1 mm²）.

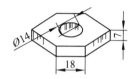

8. 要制作圆台形的灯罩，若上底半径为 5 cm，下底半径为 10 cm，母线长 12 cm，问要多少 cm² 的材料（结果保留整数）？

# 5.3 体（容）积单位与体积公式

## 5.3.1 体（容）积单位换算

几何体占有空间部分的大小叫**体积**.

常用的体（容）积单位有立方米($m^3$)、立方分米($dm^3$)、立方厘米($cm^3$)、立方毫米($mm^3$)、升(l)、毫升(ml)、公石等等.

$1\ m^3 = 10^3 dm^3 = 10^6 cm^3 = 10^9 mm^3$；

$1\ dm^3 = 10^3 cm^3 = 10^6 mm^3$；

$1 cm^3 = 10^3\ mm^3$.

$1l = 1dm^3$；

$1l = 10^3\ ml$；

$1\ ml = 1\ cm^3$.

**练习** 单位换算：

$130\ mm^3 = ($      $)\ l$；

$3.5\ m^3 = ($      $)l$；

$128\ m^3 = ($      $)mm^3$；

$1500\ ml = ($      $)m^3$；

$5.8l = ($      $)cm^3$；

$1\ mm^3 = ($      $)\ ml$；

$1\ ml = ($      $)mm^3$；

$7.7\ mm^3 = ($      $)ml$；

$2700\ ml = ($      $)dm^3$；

$1\ m^3 = ($      $)l = ($      $)ml$；

$1\ mm^3 = ($      $)cm^3 = ($      $)dm^3 = ($      $)m^3$.

## 5.3.2 常见形体的体积公式

常见形体的体积公式见表 5.3-1.

表 5.3-1

| 形体名称 | 体积公式 | 说 明 |
|---|---|---|
| 长方体 | $V = abc$ | $a, b, c$ 为长方体共顶点的三条棱长 |
| 棱柱 | $V = S_{底}h$ | $S_{底}$ 为棱柱的底面积，$h$ 为棱柱的高 |

续表 5.3-1

| 形体<br>名称 | 体积公式 | 说　　明 |
|---|---|---|
| 棱锥 | $V = \dfrac{1}{3}S_{底}h$ | $S_{底}$ 为棱锥的底面积，$h$ 为棱锥的高 |
| 棱台 | $V = \dfrac{1}{3}h(S_{上} + S_{下} + \sqrt{S_{上}S_{下}})$ | $S_{上}$，$S_{下}$ 分别为棱台上、下底面面积，$h$ 为棱台的高 |
| 圆柱 | $V = \pi r^2 h$ | $r$ 为圆柱底面圆半径，$h$ 为圆柱的高 |
| 圆锥 | $V = \dfrac{1}{3}S_{底}h = \dfrac{1}{3}\pi r^2 h$ | $r$ 为圆锥底面圆半径，$h$ 为圆锥的高 |
| 圆台 | $V = \dfrac{1}{3}h(S_{上} + S_{下} + \sqrt{S_{上}S_{下}})$<br>$= \dfrac{1}{3}\pi h(r_{上}^2 + r_{下}^2 + r_{上}r_{下})$ | $S_{上}$，$S_{下}$ 分别为圆台上、下底面圆的面积，$r_{上}$，$r_{下}$ 分别为圆台上、下底面圆的半径，$h$ 为圆台的高 |
| 球 | $V = \dfrac{4}{3}\pi R^3 = \dfrac{1}{6}\pi D^3$ | $R$ 为球的半径，$D$ 为球的直径 |
| 球缺 | $V = \dfrac{1}{3}\pi h^2(3R - h)$<br>$= \dfrac{1}{6}\pi h(3r^2 + h^2)$ | $R$ 为球的半径，$h$ 为球缺的高，$r$ 为球缺底面圆半径．$r^2 = h(2R - h)$ |
| 球台 | $V = \dfrac{1}{6}\pi h[3(r_1^2 + r_2^2) + h^2]$ | $r_1, r_2$ 分别为球台两底面圆半径，$h$ 为球台的高 |

**例 1**　如图 5.3-1 所示，已知正六棱柱最长对角线 $B_1E = 13$ cm，侧面积为 180 cm²，求此棱柱的体积（精确到 0.01 cm³）．

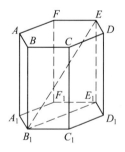

图 5.3-1

**解**　设棱柱的高为 $h$，底面边长为 $a$，依题意得

$$\begin{cases} 6ah = 180, \\ h^2 + (2a)^2 = 13^2. \end{cases}$$

解之得

$$\begin{cases} a_1 = 6, \\ h_1 = 5; \end{cases} \qquad \begin{cases} a_2 = \dfrac{5}{2}, \\ h_2 = 12. \end{cases}$$

所以

$$V_1 = \frac{3\sqrt{3}}{2} \times 6^2 \times 5 = 270\sqrt{3} \approx 467.65;$$

$$V_2 = \frac{3\sqrt{3}}{2} \times (\frac{5}{2})^2 \times 12 = \frac{225\sqrt{3}}{2} \approx 194.86.$$

即此六棱柱的体积为 467.65 cm³ 或 194.86 cm³.

**例 2** 如图 5.3-2,自动加煤机的下料斗是正四棱台,它的两底面边长分别是 3 m,2 m,高 1.5 m,试计算制造一个下料斗所需铁板面积及料斗的容积(保留一位小数).

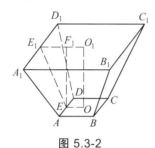

图 5.3-2

**解**

$$h_{斜} = EE_1 = \sqrt{1.5^2 + (\frac{3-2}{2})^2} = \frac{\sqrt{10}}{2} \text{ (m)};$$

$$S_{侧} = 4 \times \frac{1}{2}(2+3) \times \frac{\sqrt{10}}{2} = 5\sqrt{10} \approx 15.8 \text{ (m}^2);$$

$$V = \frac{1}{3} \times 1.5 \times (2^2 + 3^2 + \sqrt{2^2 \times 3^2}) = 9.5 \text{ (m}^3).$$

答:制造一个下料斗所需铁皮面积为 15.8 m²,料斗的容积为 9.5 m³.

**例 3** 一个圆柱形油桶,侧面展开图是边长为 $a$ 的正方形,求此油桶的容积.

**解** 此油桶的容积即为圆柱的体积.依题意,得

$$h = a,\ 且\ 2\pi r = a.$$

所以 $r = \dfrac{a}{2\pi}$. 所以

$$V = \pi r^2 h = \pi (\frac{a}{2\pi})^2 \cdot a = \frac{a^3}{4\pi}.$$

即油桶的容积为 $\dfrac{a^3}{4\pi}$.

**例 4** 一个圆锥形量杯，口径为 8 cm，高 20 cm. 现往量杯中注入 15 cm 高的水，问注入水的体积是多少（精确到 1 cm³）？

**解** 圆锥底面半径为 $8 \div 2 = 4$. 设液面半径为 $r$，根据圆锥的性质，得

$$\frac{r}{4} = \frac{15}{20}.$$

所以 $r = 3$(cm). 于是，注入水的体积

$$V_水 = \frac{1}{3}\pi r^2 h = \frac{1}{3}\pi \times 3^2 \times 15 = 45\pi \approx 141 (\text{cm}^3).$$

# 习题 5.3

1. 水渠横断面是等腰梯形，上底长 3.26 m，下底长 1.54 m，高 1.26 m，如果水的流速为 2.5 m/s，求水渠 1 小时的最大排水量.

2. 一个长方体的铜块，长、宽、高各为 2 cm，4 cm，8 cm. 把它熔化后铸成一个正方形铜块，不计损耗，试求所铸成的正方体的棱长.

3. 圆柱形的唧筒，内径为 125 mm，活塞的冲程为 203 mm. 若活塞每分钟来回 30 次，求唧筒每分钟所供给的水量（精确到 0.1 l）.

4. 有甲、乙两个容器，甲容器是圆柱形，高为 2 dm，底面半径为 1 dm；乙容器为倒圆锥形（顶点在下），高为 2 dm，底面半径为 $2\sqrt{3}$ dm. 若先将甲容器灌满水，然后将甲容器的部分水倒入乙容器，使得两容器的水面同样高，问这时水面的高是多少？

5. 已知圆锥的轴截面是边长为 8 cm 的正三角形，求此圆锥的体积（结果精确到 0.01 cm³）.

6. 一个直角三角形的两直角边长分别为 6 cm 和 8 cm，以此三角形的斜边为轴旋转一周，求所得旋转体的体积（结果精确到 1 cm³）.

7. 圆锥的底面积为 $9\pi$ cm²，全面积为 $24\pi$ cm²，求它的高和体积.

8. 把一个高为 18 cm，底面直径等于 12 cm 的圆锥截成一个圆台，要求圆台的上底面面积等于 $16\pi$ cm²，求此圆台的体积（结果精确到 0.01 cm³）.

*9. 球的半径为 3 cm, 在其中钻一个半径为 1 cm 的孔（孔的轴心线通过球心），求剩余部分的体积（结果精确到 0.01 cm³ ）.

*10. 在球心的同一侧有相距 9 cm 的两个平行截面，它们的面积各为 49πcm² 和 400πcm²，求所截得球台的体积和球带的面积.

*11. 铆钉的头部是一个球缺，钉杆是一个圆柱，已知 $D$ = 64 mm, $h$ = 24 mm, $d$ = 36 mm（见下图）. 把铆钉铆过厚 $t$ = 20 mm 的钢板以后，使钉杆剩余部分正好能打成和头部形状大小一样的球缺，求原来钉杆的长度 $l$.（精确到 1 mm）

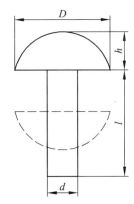

12. 将一个正三棱柱形的木块，截成与它等高并且尽可能大的圆柱形，截去的部分是三棱柱体积的几分之几?

13. 钢球由于热膨胀而使半径增加了 $\dfrac{1}{1000}$，它的体积增加了几分之几?

# 5.4 重量单位

常用的重量单位有吨(t)、千克(公斤)(kg)、克(g)、公担(q)；斤、两、钱；磅(lb)、盎司(oz)等.

1 吨(t) = 1000 千克(kg) = $10^6$ 克(g)；

1 千克(kg) = 1000 克(g)；

1 斤 = 0.5 千克(kg) = 500 克(g)；

1 斤 = 10 两；

1 两 = 10 钱；

1 磅(lb) = 0.4536 千克(kg) = 453.6 克(g)；

1 磅(lb) = 16 盎司(oz).

**练习** 单位换算：

0.3 吨 = ＿＿＿千克 = ＿＿＿克；

5.8 千克 = ＿＿＿克；

3.7 公担 = ＿＿＿克；

0.8 磅 = ＿＿＿千克 = ＿＿＿克；

1g = ＿＿＿kg = ＿＿＿t；

3.5 磅 = ＿＿＿千克；

1 斤 6 两 = ＿＿＿斤 = ＿＿＿两；

1980g = ＿＿＿kg；

0.5t = ＿＿＿kg；

1 盎司 = ＿＿＿千克 = ＿＿＿克；

1.5 斤 = ＿＿＿g；

300 g = ＿＿＿斤.

**例 1** 如图 5.4-1，制造一个圆台形无盖水桶，其两底圆直径分别为 30 cm 和 20 cm，母线长 30 cm，求水桶可盛多少的水（精确到 1 kg）？制造此水桶需要多少铁皮（精确到 1 $cm^2$）？（水的密度为 1 $g/cm^3$）

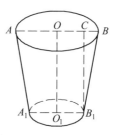

图 5.4-1

**解** 如图 5.4-1，两底面圆的半径分别为 15 cm 和 10 cm，所以，高：

$$h = B_1C = \sqrt{30^2 - (15-10)^2} = 5\sqrt{35}\ (\text{cm}).$$

体积：

$$V = \frac{1}{3}\pi \times 5\sqrt{35}\,(15^2 + 10^2 + 15 \times 10)$$

$$= \frac{2375\pi}{3}\sqrt{35} \approx 14713.85(\text{cm}^3).$$

盛水量：

$$W = 14713.85 \times 1 = 14713.85\ (\text{g}) \approx 15(\text{kg}).$$

$$S_{\text{铁皮}} = S_{\text{侧}} + S_{\text{上}} = \pi \times (15 + 10) \times 30 + \pi \times 10^2$$

$$= 850\pi \approx 2670(\text{cm}^2).$$

答：水桶可盛水约为 15 kg，制造此水桶需要 2670 cm² 的铁皮.

**例 2**　一个空心钢球的外径为 5.0 cm，质量为 142 g，若已知钢的密度为 7.9 g/cm³，试问其内径为多少（精确到 0.1 cm）？若油漆一千个这样的钢球，按每平方米油漆 150 g 计算，需要多少油漆（精确到 0.1 kg）？

**解**　设空心钢球的内径为 $d$，则空心钢球体积为

$$V = \frac{1}{6}\pi \times 5^3 - \frac{1}{6}\pi \times d^3 = \frac{1}{6}\pi(125 - d^3).$$

依题意得

$$\frac{1}{6}\pi(125 - d^3) \times 7.9 = 142.$$

所以 $d \approx 4.5$. 球的表面积为

$$S_{\text{球}} = \pi \times 5^2 = 25\pi.$$

于是需要油漆的面积为

$$S_{\text{漆}} = 25\pi \times 1000 = 25000\pi(\text{cm}^2) = 2.5\pi(\text{m}^2).$$

需用油漆的重量为

$$W = 2.5\pi \times 150 \approx 1178.1(\text{g}) \approx 1.2(\text{kg}).$$

答：空心钢球的内径约为 4.5 cm，1000 个钢球需用油漆约为 1.2 kg.

**例 3**　直径 $D = 10$ cm 的木球，浮在水面上的球缺的高 $h = 2$ cm，求这种木料的密度.

**解**　木球的质量等于水内球缺同体积的水的质量. 水内球缺的高为 $10 - 2 = 8(\text{cm})$. 则水内球缺的体积为

$$\frac{1}{3}\pi \times 8^2 \times \left(3 \times \frac{10}{2} - 8\right) = \frac{448}{3}\pi(\text{cm}^3).$$

球的质量：

$$m = \frac{448}{3}\pi \times 1 = \frac{448}{3}\pi(\text{g}).$$

球的体积：

$$V = \frac{1}{6}\pi \times 10^3 = \frac{500}{3}\pi(\text{cm}^3).$$

所以，木料的密度为

$$\frac{\dfrac{448}{3}\pi}{\dfrac{500}{3}\pi} = 0.896(\text{g/cm}^3).$$

# 习题 5.4

1. 下图所示的铸件，它的尺寸是 $a = 50\,\text{cm}$，$b = 40\,\text{cm}$，$c = 25\,\text{cm}$，零件中间一条槽的截面尺寸是 $l = 25\,\text{cm}$，$d = 15\,\text{cm}$，$h = 12\,\text{cm}$，若此铸件的密度是 $7.3\text{g/cm}^3$，求这个铸件的质量（精确到 1kg）.

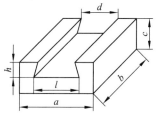

2. 一个外径是 12 cm，壁厚为 0.2 cm 的钢球，能否在水中浮起(钢的密度是 7.8 g/cm$^3$)？

3. 运油车的油罐如下图（单位：m），这个油罐能装油多少吨（油的密度是 0.85 g/cm$^3$）？（精确到 0.001 t）

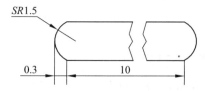

4. 有一个不大的铁圆柱，底面半径等于 0.5 cm，高为 0.2 m. 在 0 ℃ 时沉浸在某液体中，若圆柱在液体中称重 105 g，求这种液体的密度（铁的密度为 7.79 g/cm$^3$）？（精确到 0.01 g/cm$^3$）

# 5.5 三角形的重心、外心

## 5.5.1 三角形的重心

(1) 三角形重心的定义：三角形三条中线的交点就叫做三角形的重心.

(2) **重心定理：三角形的重心到顶点的距离是它到对边中点距离的 2 倍.**

(3) 三角形重心坐标的求法.

**例 1** 已知三角形三个顶点的坐标分别 $A(x_1, y_1)$，$B(x_2, y_2)$，$C(x_3, y_3)$，求三角形重心的坐标（见图 5.5-1）.

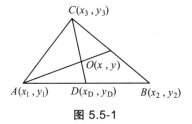

**图 5.5-1**

**解** 如图 5.5-1，设 $D(x_D, y_D)$ 为 $AB$ 边的中点，$O(x, y)$ 为 $\triangle ABC$ 的重心. 所以

$$x_D = \frac{x_1 + x_2}{2}, \quad y_D = \frac{y_1 + y_2}{2}.$$

根据重心定理知：

$$CO : OD = 2 : 1,$$

所以重心 $O$ 点的坐标为

$$x = \frac{x_3 + 2 \cdot \dfrac{x_1 + x_2}{2}}{1 + 2} = \frac{x_1 + x_2 + x_3}{3},$$

$$y = \frac{y_3 + 2 \cdot \dfrac{y_1 + y_2}{2}}{1 + 2} = \frac{y_1 + y_2 + y_3}{3},$$

由例 1 可知，三角形**重心坐标**公式为

$$x = \frac{x_1 + x_2 + x_3}{3}, \quad y = \frac{y_1 + y_2 + y_3}{3}.$$

其中 $(x_1, y_1)$，$(x_2, y_2)$，$(x_3, y_3)$ 分别为三角形三个顶点的坐标.

### 5.5.2 三角形的外心

(1) 三角形外心的定义:三角形外接圆的圆心叫做三角形的外心.它到三角形三个顶点的距离相等,是三角形三条边垂直平分线的交点.

(2) 三角形外心的几何作图.

**例 2** 如图 5.5-2,已知 $\triangle ABC$,求作 $\triangle ABC$ 的外心.

**作图步骤:**分别作 $\triangle ABC$ 的边 $AB, BC$ 的垂直平分线,两垂直平分线的交点 $O$ 即为 $\triangle ABC$ 的外心.

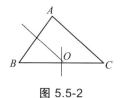

图 5.5-2

(3) 三角形外心坐标的求法.

求三角形外心坐标的公式较复杂,一般用于理论证明,具体到每个题,求三角形外心坐标的方法很多.比如,求出三角形外接圆的圆心坐标即为三角形的外心坐标;利用向量垂直的性质求三角形外心的坐标;因为外心到三角形三个顶点的距离相等,所以根据两点间的距离公式,也可以求三角形的外心坐标.

**例 3** 已知 $\triangle ABC$ 三个顶点的坐标分别为 $A(-1, 5)$,$B(5, 5)$,$C(6, -2)$,求 $\triangle ABC$ 外心的坐标.

**解法一** 设 $\triangle ABC$ 外接圆的方程为

$$x^2 + y^2 + Dx + Ey + F = 0.$$

将 $A, B, C$ 三点坐标分别代入方程,得

$$\begin{cases} (-1)^2 + 5^2 - D + 5E + F = 0, \\ 5^2 + 5^2 + 5D + 5E + F = 0, \\ 6^2 + (-2)^2 + 6D - 2E + F = 0. \end{cases}$$

解这个方程组得

$$\begin{cases} D = -4, \\ E = -2, \\ F = -20. \end{cases}$$

所以 $\triangle ABC$ 外接圆的方程为

$$x^2 + y^2 - 4x - 2y - 20 = 0.$$

化成标准方程为

$$(x - 2)^2 + (y - 1)^2 = 5^2.$$

可以看出，$\triangle ABC$ 外接圆的圆心坐标为 $(2, 1)$，所以，$\triangle ABC$ 外心的坐标为 $(2, 1)$.

**解法二** 设 $\triangle ABC$ 外心 $O$ 的坐标为 $(x, y)$，过 $O$ 分别作 $OD \perp AB$，$OE \perp BC$，垂足分别为 $D, E$ 两点，那么 $D, E$ 分别为 $AB, BC$ 的中点，如图 5.5-3 所示.

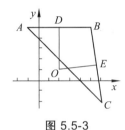

图 5.5-3

因为 $D, E$ 分别为 $AB, BC$ 的中点，所以

$$x_D = \frac{-1 + 5}{2} = 2; \quad y_D = \frac{5 + 5}{2} = 5.$$

$$x_E = \frac{5 + 6}{2} = \frac{11}{2}; \quad y_E = \frac{5 - 2}{2} = \frac{3}{2}.$$

因为 $OD \perp AB$，$OE \perp BC$，所以

$$\begin{cases} (5 + 1)(x - 2) + (5 - 5)(y - 5) = 0, \\ (6 - 5)\left(x - \dfrac{11}{2}\right) + (-2 - 5)\left(y - \dfrac{3}{2}\right) = 0. \end{cases}$$

解以上方程组得

$$\begin{cases} x = 2, \\ y = 1. \end{cases}$$

所以，$\triangle ABC$ 外心的坐标为 $(2, 1)$.

**解法三** 设 $\triangle ABC$ 外心 $O$ 的坐标为 $(x, y)$，根据外心定义可知：

$$|OA| = |OB| = |OC|.$$

由两点间的距离公式，得

$$\sqrt{(x + 1)^2 + (y - 5)^2} = \sqrt{(x - 5)^2 + (y - 5)^2} = \sqrt{(x - 6)^2 + (y + 2)^2}$$

解以上方程组得

$$\begin{cases} x = 2, \\ y = 1. \end{cases}$$

所以，$\triangle ABC$ 外心的坐标为 $(2,1)$.

## 习题 5.5

已知 $\triangle ABC$ 三个顶点的坐标，分别求 $\triangle ABC$ 的重心和外心坐标.

(1) $A(0, 0)$，$B(3, 1)$，$C(4, -2)$;

(2) $A(-3, 1)$，$B(0, 5)$，$C(-5, -1)$;

(3) $A(0, 1)$，$B(-2, 0)$，$C(0, -1)$;

(4) $A(2, -4)$，$B(-8, -4)$，$C(7, 1)$.

# 5.6　常用几何作图法

机件的形状和结构虽然多种多样，但其投影大都是由一些直线、圆弧所组成的平面几何图形. 因此，必须熟练地掌握一般平面几何图形的作图方法，为今后绘图和读图打下良好的基础.

## 5.6.1　基本作图

**例 1**　求作边长为 $a$ 的正方形.

**画法：**(1) 用三角板作直角 $\angle ABC$，并取 $BC = BA = a$；

(2) 分别以 $A, C$ 为圆心，以 $a$ 为半径画弧，两弧相交　于 $D$；

(3) 连 $CD, DA$，则 $ABCD$ 即为所求作的正方形，如图 5.6-1 所示.

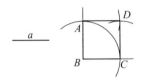

**图 5.6-1　画正方形**

**例 2**　作一个角等于已知角. 已知 $\angle AOB$(图 5.6-2a)，求作 $\angle A'O'B'$，使 $\angle A'O'B' = \angle AOB$.

**画法：**(1) 画射线 $O'A'$；

(2) 以点 $O$ 为圆心，以任意长为半径画弧，交 $OA$ 于 $C$，交 $OB$ 于 $D$；

(3) 以 $O'$ 为圆心，以 $OC$ 长为半径画弧交 $O'A'$ 于 $C'$；

(4) 以 $C'$ 为圆心，以 $CD$ 长为半径画弧，交前弧于 $D'$；

(5) 经过 $D'$ 作射线 $O'B'$，$\angle A'O'B'$ 为所求，如图 5.6-2b 所示.

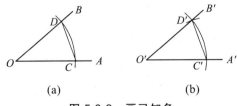

|  |  |
|:---:|:---:|
| (a) | (b) |

**图 5.6-2　画已知角**

### 5.6.2 常用等分法

#### 5.6.2.1 线段的等分

**例 3** 已知线段 $AB$，求作线段 $AB$ 的垂直平分线.

**画法：**(1) 分别以点 $A$ 和 $B$ 为圆心，以大于 $\frac{1}{2}AB$ 长为半径画弧，两弧分别相交于 $C$ 和 $D$；

(2) 连接 $C, D$. 直线 $CD$ 就是线段 $AB$ 的垂直平分线，如图 5.6-3.

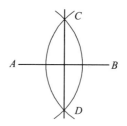

**图 5.6-3　垂直平分线**

**例 4** 将已知线段 $AB$ 分成 9 等份.

**画法：**(1) 过端点 $A$ 作任一射线 $AC$；

(2) 以 $A$ 为端点，任意长为半径，在 $AC$ 上依次截取 9 段相等线段，设各分点为 1, 2, 3, 4, 5, 6, 7, 8, 9；

(3) 连接 $B9$；

(4) 分别过点 1, 2, 3, 4, 5, 6, 7, 8 作 $B9$ 的平行线，与线段 $AB$ 相交，交点分别为 1′, 2′, 3′, 4′, 5′, 6′, 7′, 8′，则点 1′, 2′, 3′, 4′, 5′, 6′, 7′, 8′ 把线段 $AB$ 分成 9 等份，如图 5.6-4 所示.

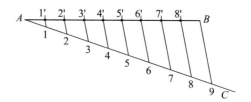

**图 5.6-4　等分线段**

#### 5.6.2.2 平分已知角

**例 5** 已知 $\angle AOB$，求作射线 $OC$，使 $\angle AOC = \angle BOC$.

**画法：**(1) 以 $O$ 为圆心，以任意长为半径画弧分别交 $OA, OB$ 于 $D, E$ 两点；

(2) 分别以 $D, E$ 为圆心，以大于 $\frac{1}{2}DE$ 长为半径画弧，两弧在 $\angle AOB$ 内交于点 $C$；

(3) 过点 $C$ 作射线 $OC, OC$ 即为所求，如图 5.6-5 所示.

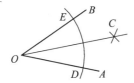

图 5.6-5　平分已知角

### 5.6.2.3　圆周的等分及作圆内接正多边形

**例 6**　将 $\odot O$ 三等份，并作圆内接正三角形.

**方法一**：用丁字尺（或直尺）和三角板作圆内接正三角形，作图方法如图 5.6-6 所示.

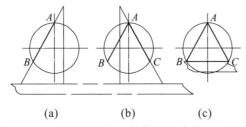

(a)　　　　(b)　　　　(c)

图 5.6-6　用丁字尺和三角板作圆内接正三角形

**方法二**：用尺规三等份圆周，并作圆内接正三角形. 如图 5.6-7 所示，以 $D$ 为圆心，以圆的半径为半径画弧，交圆周于 $B, C$ 两点，则 $A, B, C$ 为圆周的三等份点，依次连接 $AB$，$BC, CA$，即得所求圆内接正三角形.

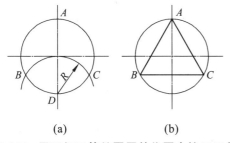

(a)　　　　　　(b)

图 5.6-7　用尺规三等份圆周并作圆内接正三角形

**例 7**　将 $\odot O$ 六等分，并作圆内接正六边形.

**方法一**：用丁字尺（或直尺）和三角板作圆内接正六边形，作图方法如图 5.6-8 所示.

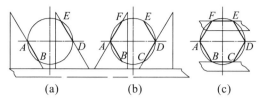

图 5.6-8 用丁字尺和三角板作圆内接正六角形

**方法二:** 用尺规六等份圆周并作圆内接正六边形. 如图 5.6-9 所示,分别以 $A, D$ 为圆心,以圆半径 $R$ 为半径画弧,交圆周于 $F, B, C, E$ 四点,则 $A, B, C, D, E, F$ 为圆周六等份点,依次连接 $AB, BC, CD, DE, EF, FA$,即得所求的圆内接正六边形.

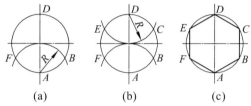

图 5.6-9 用尺规六等分圆周并作圆内接正六边形

**例 8** 将已知⊙$O$ 五等份,并作圆内接正五边形.

**画法:** (1) 作已知⊙$O$ 的相互垂直的直径 $AB$ 和 $CD$;

(2) 作 $OB$ 的垂直平分线,垂足为 $P$;

(3) 以 $P$ 为圆心,$PC$ 为半径画弧,交 $OA$ 于 $H$,则 $CH$ 即为五等分圆周之弦长;

(4) 以 $C$ 为起点,$CH$ 长为半径,在圆周上截得 $C_1, C_2, C_3, C_4$,则 $C, C_1, C_2, C_3, C_4$ 即为圆周上的五等份点.

(5) 连接 $CC_1, C_1C_2, C_2C_3, C_3C_4, C_4C$,即得所求作的圆内接正五边形.

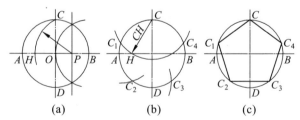

图 5.6-10 用尺规五等分圆周并作圆内接正五边形

### 5.6.3 斜度 锥度的画法

#### 5.6.3.1 斜度

**斜度**是指一直线对另一直线(或平面)或一平面对另一

平面的倾斜程度，如图 5.6-11，∠$A$ 的对边 $BC$ 与邻边 $AB$ 之比称为 $AC$ 对 $AB$ 的**斜度**，即

$$AC \text{ 对 } AB \text{ 的 } \textbf{斜度} = \frac{BC}{AB} = \tan\alpha = 1:n,\ \text{记作} \angle 1:n.$$

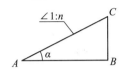

图 5.6-11　斜度的标注

**例 9**　求作 $1:6$ 的斜度线.

**画法：**(1) 作直角 $\angle COD$，$OC$ 为水平线，$OD$ 为铅垂线；

(2) 分别在 $OD$ 和 $OC$ 上截取 1 个单位 $OB$ 和 6 个单位 $OA$；

(3) 连接 $AB$. $AB$ 即为 $1:6$ 的斜度线(如图 5.6-12).

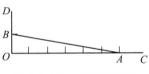

图 5.6-12　斜度的画法

### 5.6.3.2　锥度

**锥度**是指正圆锥底面圆直径与锥高之比，如图 5.6-13.

$$\textbf{锥度} = \frac{d}{h} = 2\tan\alpha = 1:n,\ \text{记作} \triangleleft 1:n.$$

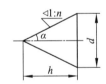

图 5.6-13　锥度的标注

**例 10**　求作 $1:3$ 的锥度线.

**画法：**如图 5.6-14 所示.

(1) 作水平线、铅垂线交于 $O$ 点；

(2) 在铅垂线上对称截取 2 个单位 $OB,OC$；在水平线上截取 6 个单位 $OA$；

(3) 连接 $AB,AC$. $AB,AC$ 即为 $1:3$ 的锥度线.

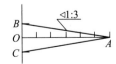

图 5.6-14　锥度的画法

### 5.6.4 椭圆的近似画法（四心法）

**例 11** 已知椭圆长轴长是 $2a$，短轴长是 $2b$，试用四心近似画法作出此椭圆.

**作图：** 如图 5.6-15.

(1) 作相互垂直平分的两线段 $AB, CD$，并使 $AB = 2a$，$CD = 2b$；

(2) 以 $O$ 为圆心，$a$ 为半径画弧交 $DC$ 的延长线于 $E$；

(3) 以 $C$ 为圆心，$CE$ 为半径画弧交 $AC$ 于 $F$；

(4) 作 $AF$ 的垂直平分线交 $AB$ 于 $O_1$，交 $CD$ 的延长线于 $O_2$. 如图 5.6-15 (a)；

(5) 在 $AB$ 上截取 $O_1$ 的对称点 $O_3$，在 $DC$ 延长线上截取 $O_2$ 的对称点 $O_4$；

(6) 连 $O_2O_3, O_3O_4, O_4O_1$，并延长. 如图 5.6-15 (b)；

(7) 分别以 $O_2, O_4$ 为圆心，$O_2C$ 为半径作大弧 $14, 23$；

(8) 分别以 $O_1, O_3$ 为圆心，$O_1A$ 为半径作小弧 $12, 43$，即得所求作的椭圆（其中 $1, 2, 3, 4$ 点为各段圆弧之切点）. 如图 5.6-15（c）.

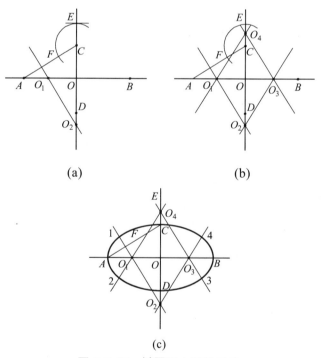

(a)  (b)

(c)

**图 5.6-15　椭圆四心近似画法**

# 习题 5.6

1. 求作一个已知角的余角.

2. 已知直角三角形斜边长 23 mm，一直角边长 10 mm，求作直角三角形.

3. 已知△ABC 的边长分别为 AB = 30 mm，BC = 40 mm，AC = 25 mm，试求作△ABC.

4. 将已知线段 AB 四等分.

5. 求作已知△ABC 的外心.

6. 将已知线段 AB 七等分.

7. 求作已知△ABC 的重心.

8. 求作圆的内接正三角形.

9. 求作圆的内接正六角形.

10. 将已知⊙O 五等分，并求作五角星.

11. 按 1∶1 的比例抄画如图所示图样.

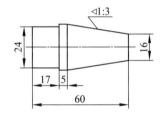

12. 按 2∶1 的比例抄画如图所示图样.

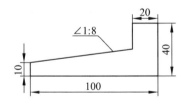

13. 已知椭圆长轴长为 50 mm，短轴长为 40 mm，试用四心近似画法作出该椭圆.

# 5.7 专业应用题

1. 一锥顶罐如下图所示，其尺寸为：罐口径 $D = 3$ m，圆柱部分高 $H = 4$ m，圆锥部分高 $h = 0.5$ m，求做试漏试验时，需注入多少立方米的水？已知体积公式：$V_锥 = \frac{1}{3}\pi R^2 h$，$V_柱 = \pi R^2 h$（精确到 $0.01$ m$^3$）.

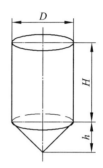

2. 如下图，用板厚 $t = 3$ mm 的钢板，卷制成高 $H = 400$ mm，底圆直径 $D = 500$ mm 的圆锥管（俗称烟囱帽）. 已知钢板密度 $\rho = 7.85$ t/m$^3$，求该圆锥管的展开面积 $A$ 和重量 $G$（面积精确到 $0.01$ m$^2$，重量精确到 $0.01$ kg）.

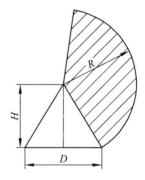

3. 浇注尺寸为 $6\,\text{m} \times 6\,\text{m} \times 5\,\text{m}$ 的水泥承台，理论上所需混凝土为多少 m$^3$.

4. 有一台塔式起重机的配重由六块混凝土灌制的长方体构成，已知每一块长方体的外形尺寸为 $1.0\,\text{m} \times 0.2\,\text{m} \times 1.2\,\text{m}$，混凝土的比重为 $\rho = 2450$ kg/m$^3$，求这台塔式起重机的配重质量为多少？

5. 浇注直径 $D = 1$ m，桩长 $L = 40$ m 的钻孔桩，理论所需要混凝土方量为多少 m$^3$（精确到 $0.1$ m$^3$）？

6. 在砂黏土层放坡开挖一正四棱台基坑（见下图），基坑开口边长 $A = 2$ m，坑深 $H = 1.2$ m，考虑顶缘有静荷载，

选取坡度系数 $m = 0.75$（坡度系数 $m = \dfrac{B}{H}$）. 已知四棱台体

积公式为：$V = \dfrac{1}{3}H(S_上 + S_下 + \sqrt{S_上 S_下})$，其中 $S_上$ 和 $S_下$ 分别

为四棱台基坑的上、下口面积. 试求该放坡开挖基坑的开挖
土方量为多少？

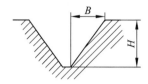

# 参考文献

[ 1 ]　义务教育课程标准研制组. 义务教育课程标准实验教科书《数学》七年级上册，下册；八年级上册，下册；九年级上册. 3 版. 北京：北京师范大学出版社，2004 年.

[ 2 ]　李广全. 中等职业学校文化基础课程教学用书《数学》. 北京：高等教育出版社，2005 年.

[ 3 ]　湖北省劳动厅组织编写. 湖北省技工学校教改教材《数学》上册. 武汉：湖北科学技术出版社，1996 年.